Kristian Kroschel

Statistische Nachrichtentheorie

Erster Teil
Signalerkennung und Parameterschätzung

2. Auflage

Mit 68 Abbildungen

Springer-Verlag
Berlin Heidelberg NewYork
London Paris Tokyo 1986

Dr.-Ing. Kristian Kroschel
Professor, Institut für Nachrichtensysteme
Universität Karlsruhe

ISBN-13: 978-3-540-17153-9 e-ISBN-13: 978-3-642-82935-2
DOI: 10.1007/978-3-642-82935-2

CIP-Kurztitelaufnahme der Deutschen Bibliothek
Kroschel, Kristian: Statistische Nachrichtentheorie/
Kristian Kroschel. – Berlin; Heidelberg; New York:
Springer. Teil 1: Signalerkennung und Parameterschätzung. –
2. Aufl. – 1986.
ISBN-13: 978-3-540-17153-9

2160/3020-543210

Vorwort

An deutschen Universitäten und Hochschulen ist die statistische Nachrichtentheorie im Gegensatz zum recht umfangreichen Lehrangebot auf diesem Gebiet in den USA nur wenig vertreten. Deshalb findet man im deutschen Sprachraum auch nur wenige einführende Bücher, die sich hauptsächlich mit Teilaspekten dieses Themas befassen [z.B. 1; 2; 3; 4; 5; 6]. Zusammenfassende Darstellungen dieses Gebietes in der Art amerikanischer Textbücher [z.B. 7; 8; 9; 10; 11] sind bisher in der deutschsprachigen Literatur nicht bekannt.

Begründet wird diese Tatsache dadurch, daß die neueren Entwicklungen bei der Nachrichtenübertragung und in der Regelungstechnik, die Kenntnisse auf dem Gebiet der statistischen Nachrichtentheorie erfordern, durch die Raumfahrt veranlaßt wurden, die eine Domäne der USA ist. In zunehmendem Maße finden Erkenntnisse der statistischen Nachrichtentheorie nun auch in anderen Bereichen Anwendung, z.B. bei der Datenübertragung über gestörte Kanäle und der Regelung komplexer Prozesse. Möglich wird dies durch die immer preiswerter werdenden Bauelemente der digitalen Signalverarbeitung, z.B. der Signalprozessoren, die eine Voraussetzung zur Realisierung der relativ komplizierten Algorithmen der statistischen Nachricntentheorie sind.

Das vorliegende Buch stellt eine Einführung in die statistische Nachrichtentheorie dar, ohne den Anspruch auf Vollständigkeit oder Abgeschlossenheit zu erheben und die neuesten wissenschaftlichen Erkenntnisse auf diesem Gebiet wiederzugeben. Es wurde z.B. nicht auf die Codierungstheorie im Zusammenhang mit optimaler Detektion von Signalen [z.B. 3; 7] oder auf die sequentielle Detektion [z.B. 11; 12] eingegangen.

Das in diesem Buch zusammengefaßte Material entstammt Vorlesungen in Karlsruhe und Hamburg sowie Vorträgen in der Industrie und an Einrichtungen zur Weiterbildung im Ingenieurbereich. Inhaltlich wendet es sich an Studenten in höheren Semestern der Fachrichtungen Nachrichtentechnik, Regelungstechnik und Informatik sowie an Ingenieure, die auf Grund ihres Arbeitsgebietes einen einführenden Einblick in die statistische Nachrichtentheorie gewinnen wollen. Für weitergehende Betrachtungen auf diesem Gebiet und speziellere Anwendungen z.B. bei der Radartechnik sei auf die entsprechende Literatur [z.B. 9; 30; 31; 32] verwiesen.

Vorausgesetzt wird zur Lektüre des Buches die Kenntnis von Grundbegriffen der System- und Netzwerktheorie [z.B. 13] sowie der elementaren Wahrscheinlichkeitsrechnung [z.B. 14; 15; 28], deren wesentliche, hier benötigten Ergebnisse im 1. Kapitel des Buches wiederholt werden.

Im 2. Kapitel wird eine für die weiteren Betrachtungen geeignete Signaldarstellung gewonnen, die auf die Definition des sogenannten Vektorkanals führt.

Die einfache und multiple Detektion mit ihren verschiedenen Ansätzen für das Optimalitätskriterium werden im 3. Kapitel behandelt. Davon ausgehend werden im 4. Kapitel die Prinzipien der Parameterschätzung oder Estimation hergeleitet. Eine besondere Rolle spielen dabei die linearen Schätzsysteme, die das Optimum aller möglichen Systeme bei Gaußschen Störungen darstellen und deren Beschreibung durch das Gauß-Markoff-Theorem erfolgt. Hier wird auch die sequentielle Parameterschätzung betrachtet, die den Übergang zur Signalschätzung markiert.

In einem zweiten Buch [16] in der Hochschultext-Reihe des Springer-Verlages wird das Thema der Signalschätzung mit Hilfe von Wiener- und Kalman-Filtern behandelt.

Bei der Darstellung des Stoffes wurden viele Tabellen und Zusammenfassungen verwendet, um im Falle der Anwendung schnell über die Ergebnisse der Detektions- und Estimationstheorie verfügen zu können. Anwendungsbeispiele vor allem aus der Datenübertragung veranschaulichen eine spezielle Anwendung dieser Theorie.

Gegenüber der 1. Auflage dieses Buches wurde bei der vorliegenden 2. Auflage die Nomenklatur weitgehend an die Empfehlungen nach DIN 13 303 angepaßt, soweit das im Einklang mit vertrauten Bezeichnungsweisen in der Nachrichtentechnik möglich war. Neu sind auch die Anwendungsbeispiele aus der Datenübertragung. Gründlich überarbeitet und neu zusammengestellt wurde das 5. Kapitel über Parameterestimation.

An dieser Stelle möchte ich all denen danken, die zum Entstehen dieses Buches durch Diskussionen und Hinweise beigetragen haben und mich bei der technischen Erstellung unterstützten. Dazu gehören Frau Gerlinde Daum und Herr cand. el. Kai Lauterjung, die den Text in ein Textverarbeitungssystem eingaben, und Frau Sigrid Kühn, die die Bilder zeichnete. Herrn Dipl.-Ing. Hans-Eckhard Müller danke ich für die Durchsicht des Textes und ganz besonders meiner Frau dafür, mir die vielen Stunden, die ich bei der Neufassung des Buches statt im Kreise meiner Familie verbrachte, nicht vorzurechnen. Dem Verlag gilt mein Dank für die schnelle Fertigstellung der 2. Auflage.

Karlsruhe, im August 1986 Kristian Kroschel

Inhaltsverzeichnis

1. Aufgaben der statistischen Nachrichtentheorie

Als Teilgebiet der Nachrichtentechnik befaßt sich die statistische Nachrichtentheorie mit der Übertragung und Verarbeitung informationstragender Signale. Diese informationstragenden Signale sind notwendigerweise nicht deterministisch, sondern entstammen Zufallsprozessen. Wäre dies nicht der Fall, so würde man keine Nachrichten übertragen. Insofern ist die Nachrichtentechnik immer eine statistische Nachrichtentechnik.

Der statistischen Nachrichtentheorie werden in diesem Buch von den verschiedenen Teilgebieten der Nachrichtenübertragung und Signalverarbeitung in erster Linie zwei Aufgaben zugeordnet:

a) **Detektion** (Signalerkennung)
b) **Estimation** (Signal-, Parameterschätzung).

In beiden Fällen wird das informationstragende, von einer Nachrichtenquelle stammende Signal bei der Übertragung über einen Kanal durch Störungen verändert. Dadurch ist es nicht mehr möglich, mit absoluter Sicherheit zu sagen,

a) welches Signal bzw. welche Nachricht von der Quelle ausgesendet wurde oder
b) welchen genauen Zeitverlauf das gesendete Signal bzw. welche genaue Größe der im Signal enthaltene Parameter besitzt.

Ziel der statistischen Nachrichtentheorie ist es, die bei der Detektion auftretenden Fehler bzw. die bei der Estimation entstehenden Ungenauigkeiten möglichst klein zu machen.

Zur Lösung dieser beiden Aufgaben werden Systeme entworfen, die hier Empfänger genannt werden, weil sie die gestörte Version des von der Nachrichtenquelle stammenden Signals empfangen und daraus das bei der Detektion bzw. Estimation gewünschte Signal gewinnen.

Zum Entwurf des Empfängers benötigt man Optimalitätskriterien sowie Kenntnisse über die vorhandenen Signal- und Störprozesse. Je mehr man von diesen Prozessen weiß, die mit Hilfe statistischer Parameter beschrieben werden, je mehr A-priori-Information man also besitzt, desto einfacher ist die zu lösende Aufgabe und desto besser können die Optimalitätskriterien erfüllt werden.

1.1 Detektion

In einem Nachrichtenübertragungssystem, z.B. einem Kontrollsystem zur Übertragung von Fehlerursachen eines chemischen Prozesses, treten meist an verschiedenen Stellen Störungen auf. Dadurch wird das jeweils gesendete Signal verfälscht, und man kann nicht mehr mit Sicherheit sagen, welches Signal im gestörten Empfangssignal enthalten ist. Die Aufgabe, das Signal im gestörten Empfangssignal zu entdecken, bezeichnet man als Detektion.

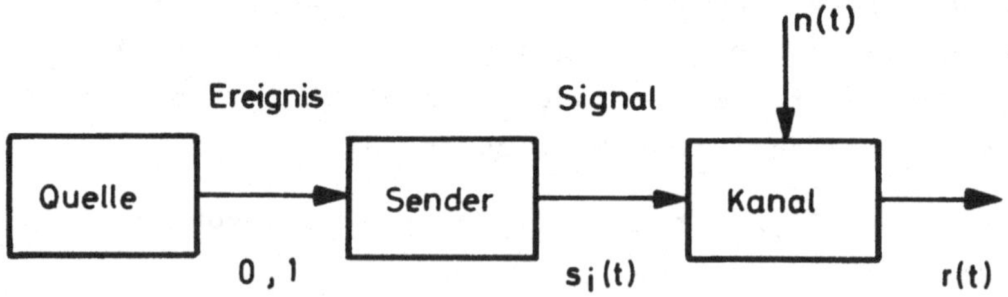

Bild 1.1 Nachrichtenübertragungssystem (Detektion)

Zur Veranschaulichung sei der Sonderfall der binären Detektion herausgegriffen und mit Hilfe von Bild 1.1 näher betrachtet. Die Nachrichtenquelle liefert dabei zwei Nachrichten, die man in der statistischen Beschreibungsweise als zwei Ereignisse ansehen kann. Bei dem Kontrollsystem des chemischen Prozesses sind diese Ereignisse z.B. die Fälle "Reaktionstemperatur innerhalb des vorgesehenen Toleranzbereiches" bzw. "Reaktionstemperatur außerhalb dieses Bereiches". Bei einem Rardarsystem sind diese Ereignisse z.B. "Objekt im betrachteten Entfernungsbereich vorhanden" bzw. "Objekt in diesem Bereich nicht vorhanden". In Bild 1.1 sind diese Ereignisse symbolisch durch 0 und 1 gekennzeichnet. Diesen Ereignissen entsprechend sendet der nachfolgende Sender die Signale $s_0(t)$ oder $s_1(t)$. Nun wird angenommen, daß alle Störquellen zusammengefaßt werden können, so daß zu dem vom Sender stammenden Signal eine Störung n(t), die Musterfunktion eines Störprozesses, im Kanal hinzuaddiert wird.

Das dem Empfänger zur Verfügung stehende gestörte Signal r(t), ebenfalls die Musterfunktion eines Zufallsprozesses, kann man deshalb in der Form

$$r(t) = s_i(t) + n(t) \qquad i = 0,\ 1 \tag{11.1}$$

angeben. Das vom Empfänger zu lösende Detektionsproblem besteht nun darin, zu entscheiden, welches Signal - $s_0(t)$ oder $s_1(t)$ - gesendet wurde. Wegen der Störung wird diese Entscheidung mehr oder weniger fehlerbehaftet sein. Man bezeichnet die Entscheidung dafür, daß das eine bzw. andere Signal gesendet wurde, als Hypothese des Empfängers.

Die Schwierigkeit der Entscheidung hängt davon ab, wieviel man von dem ausgesendeten Signal und den Störungen bei dessen Übertragung weiß. Dies sei an Hand einiger Beispiele aus der Radartechnik näher betrachtet.

Bei der Radartechnik geht es u.a. darum, zu entscheiden, ob in einer bestimmten Entfernung ein Objekt vorhanden ist oder nicht. Dazu sendet man ein Signal aus, das im Falle des Vorhandenseins eines Objekts reflektiert wird und um die Laufzeit, die der Entfernung Sender - Objekt - Empfänger entspricht, verzögert und gestört am Empfänger eintrifft. Wenn kein Objekt vorhanden ist, wird das Sendesignal nicht reflektiert und ist am Eingang des

Empfängers gleich Null. Identifiziert man dieses Ereignis mit dem Signal $s_0(t)$ in (11.1), so muß man $s_0(t)=0$ setzen.

Je nach Art des Objektes und der Störungen des Kanals kann man für das andere Ereignis, d.h. wenn ein Objekt in einer Entfernung vorhanden ist, die der Laufzeit $\tau=\tau_0$ entspricht, mehrere, in Tab. 1.1 aufgeführte Fälle unterscheiden. Im ersten Fall wird als Sendesignal

$$s(t) = \sin \omega_c t \; [\delta_{-1}(t)-\delta_{-1}(t-T)] \tag{11.2}$$

verwendet, ein auf das Intervall $0 \le t \le T$ begrenztes sinusförmiges Signal. Nach der Reflektion am Objekt erscheint dasselbe um $\tau=\tau_0$ verzögerte und durch $n(t)$ gestörte Signal am Empfänger. Im zweiten Fall ist das Sendesignal

$$s(t) = A \sin(\omega_c t+\theta) \; [\delta_{-1}(t)-\delta_{-1}(t-T)] \quad , \tag{11.3}$$

d.h. dasselbe Signal wie in (11.2), jedoch mit der Amplitude A und der Phase θ. Es wird nun angenommen, daß sich diese Parameter durch Einflüsse im Kanal so ändern, daß sie am Eingang des Empfängers die Werte A_r und θ_r annehmen. Diese Größen sind allenfalls in ihren statistischen Eigenschaften bekannt. Dadurch wird die Entscheidung, ob in der der Laufzeit $\tau=\tau_0$ entsprechenden Entfernung ein Objekt vorhanden ist oder nicht, gegenüber dem ersten Fall erschwert.

Bei einem passiven Radarsystem, wie es z.B. in der Radioastronomie verwendet wird, ist das Detektionsproblem noch schwieriger. Bei einem "passiven" Radarsystem stammt das Sendesignal nicht von einem von Menschen entworfenen Radarsender, sondern von irgendeiner anderen Quelle. In der Radioastronomie sendet die Quelle Musterfunktionen eines nicht weiter bekannten Zufallsprozesses. Der Empfänger des Radarsystems hat nun zu entscheiden, ob aus der Richtung, in die die Empfangsantenne ausgerichtet ist, eine Musterfunktion $s_M(t)$ dieses Prozesses empfangen wird oder nicht. Dies wird im dritten Fall in Tab 1.1 dargestellt.

In den hier betrachteten Fällen wurden nur zwei mögliche Ereig-

Tab. 1.1 **Fallunterscheidung bei der Detektion von Signalen nach der Art dieser Signale**

Detektion

Entscheidung zwischen zwei oder mehreren Hypothesen (entsprechend zwei oder mehreren Ereignissen der Quelle).
Beispiel: binäre Detektion (zwei Ereignisse).

---

1. Bekannte Signale im Rauschen

$$r(t) = \sin \omega_c(t-\tau_0)\ [\delta_{-1}(t-\tau_0)-\delta_{-1}(t-T-\tau_0)] + n(t)$$

$$r(t) = n(t)$$

---

2. Signale mit unbekannten Parametern im Rauschen.
   Parameter: A_r, θ_r

$$r(t) = A_r \sin(\omega_c(t-\tau_0)+\theta_r)[\delta_{-1}(t-\tau_0)-\delta_{-1}(t-T-\tau_0)] + n(t)$$

$$r(t) = n(t)$$

---

3. Signale als Musterfunktionen eines Zufallsprozesses

$$r(t) = s_M(t) + n(t)$$

$$r(t) = n(t)$$

---

nisse der Quelle angenommen. Entsprechende Überlegungen gelten jedoch auch für mehr als zwei Ereignisse der Quelle.

1.2 Estimation

Die Quelle eines Nachrichtenübertragungssystems liefere einen Parameter. Der Sender erzeugt ein zur Übertragung geeignetes Signal, das von diesem Parameter abhängt, z.B. könnte die Amplitude oder die Frequenz des Signals ein Maß für den Parameter sein. Bezeichnet man allgemein den Parameter mit a, so wird der Sender ein Signal s(t,a) liefern. Dies ist in Bild 1.2 veranschaulicht.

Im Kanal wird zum Sendesignal die Musterfunktion n(t) eines Störprozesses addiert, so daß dem Empfänger das gestörte Signal

$$r(t) = s(t,a) + n(t) \tag{12.1}$$

zur Verfügung steht. Mit Hilfe dieses Signals ist bei der Estimation der Parameter a zu schätzen. Zur Veranschaulichung des

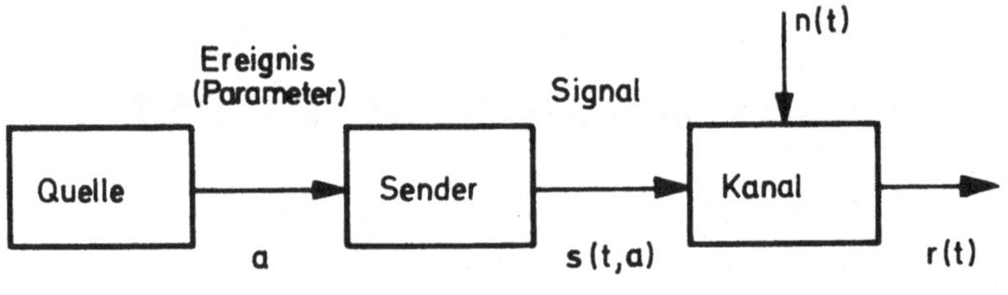

Bild 1.2 Nachrichtenübertragungssystem (Estimation)

Estimationsproblems sei angenommen, daß die Meßdaten eines Turbinensatzes zu schätzen sind. Je nach Art des Signals s(t,a) und der Störungen ist entsprechend Tab. 1.1 für die Detektion auch hier eine Fallunterscheidung der Estimationsprobleme möglich. Tab. 1.2 zeigt dazu im ersten Fall ein Signal

$$s(t,a)\big|_{a=A} = A \sin \omega_c t \quad , \tag{12.2}$$

bei dem die Amplitude A ein Maß für die Temperatur am Eingang des Turbinensatzes sei. Im zweiten Fall wird bei der Übertragung von s(t,a) zusätzlich zu den Störungen eine unbekannte Frequenz- und Phasenverschiebung angenommen:

$$s(t,a)\big|_{a=A} = A \sin((\omega_c+\omega_r)t + \theta_r) \quad . \tag{12.3}$$

Dadurch wird die Schätzung der die Temperatur angebenden Amplitude A erschwert.

Bisher wurde angenommen, daß ein Meßwertgeber, der die Temperatur mißt, das Signal s(t,a) liefert. Nimmt man an, daß man die Mittenfrequenz ω_0 des Geräusches eines Turbinenlagers messen möchte, so ist das Signal eine Musterfunktion dieses Geräuschprozesses:

$$s(t,a)\big|_{a=\omega_0} = s_M(t,\omega_0) \quad . \tag{12.4}$$

In diesem Fall ist die Schätzung von ω_0 noch schwieriger als in den vorangegangenen Fällen, weil die Quelle kein determiniertes, nur vom Parameterwert $a=\omega_0$ abhängiges Signal liefert, sondern dieses Signal die Musterfunktion eines unbekannten Prozesses ist.

Hier wurde angenommen, daß das übertragene Nutzsignal nur von einem Parameter der Quelle abhängt. Wenn die Quelle mehrere Parameter liefert - bei der Überwachung des Turbinensatzes werden außer der Austrittstemperatur des Dampfes zusätzlich die Eintrittstemperatur, die Drehzahl, die Drücke usw. gemessen - hängt das Nutzsignal von entsprechend mehr Parametern ab. Dies gilt auch für Radarsysteme, bei denen man neben der Laufzeit die Dopplerfrequenzverschiebung, die Signalamplitude usw. des Empfangssignals bestimmen möchte. Schließlich wurde hier nur der Fall der Parameterestimation besprochen. Die Signalschätzung unterscheidet sich von der Parameterestimation nur insofern, als der Parameter a hier zeitabhängig ist. In den Beispielen von Tab. 1.2 ist also statt der konstanten Amplitude a=A die zeitabhängige

Tab 1.2 Fallunterscheidung bei der Estimation von Parametern nach der Art der Signale, die zur Übertragung dieser Parameter dienen.

Estimation

Schätzung der Größe von Parametern und von Signalen, die im gestörten Empfangssignal $r(t)$ enthalten sind.
Beispiel: Parameterestimation, Parameter a

1. Bekannte Signale im Rauschen
   Schätzparameter: $a = A$

   $$r(t) = A \sin \omega_c t + n(t)$$

2. Signale mit unbekannten Parametern im Rauschen
   Unbekannte Parameter: ω_r, θ_r
   Schätzparameter: $a = A$

   $$r(t) = A \sin((\omega_c+\omega_r)t+\theta_r) + n(t)$$

3. Signale als Musterfunktionen eines Zufallsprozesses
   Schätzparameter: $a = \omega_0$

   $$r(t) = s_M(t,\omega_0) + n(t)$$

Funktion a(t)=A(t) zu betrachten. Bei der Signalschätzung interessiert man sich z.B. auch für den zukünftigen Verlauf der Signalfunktion a(t), d.h. für a(t+τ). Diesen Fall bezeichnet man als Prädiktion. Er wird später behandelt [16]. Dasselbe gilt für die Interpolation, bei der man sich für einen zurückliegenden Wert von a(t), d.h. für a(t-τ) interessiert. Bei der Signalschätzung unterscheidet man ferner die beiden Fälle der Schätzung zeitdiskreter und zeitkontinuierlicher Signale, was ebenfalls später betrachtet wird [16].

Vergleicht man die hier angeführten Beispiele für die Detektion und die Estimation miteinander, so sieht man, daß die Grenzen fließend sind und beide Probleme miteinander verknüpft auftreten können. Nimmt man an, daß die Temperatur eines chemischen Prozesses zu überwachen ist, dann handelt es sich um ein Detektionsproblem, wenn man danach fragt, ob die Temperatur innerhalb oder außerhalb eines interessierenden Bereiches liegt. Interessiert man sich dagegen für den Wert der Temperatur selbst, handelt es sich um ein Estimationsproblem. Beide Probleme treten miteinander verknüpft auf, wenn man sich nur unter der Bedingung für die Temperatur interessiert, daß sie außerhalb eines vorgegebenen Intervalls liegt. Diese Frage ist z.B. dann von Bedeutung, wenn man die Temperatur in Abhängigkeit von ihrer Abweichung vom gewünschten Intervall wieder in dieses Intervall durch Regelung zurückführen möchte. Bei der Radartechnik wird zunächst das Detektionsproblem gelöst, ob ein reflektiertes Signal am Empfängereingang vorhanden ist, anschließend schätzt man die interessierenden Parameter wie Laufzeit für die Entfernung, Dopplerfrequenzverschiebung für die Geschwindigkeit, Amplitude für die Größe des Flugobjekts usw.

An diesen Beispielen werden die Unterschiede zwischen Detektion und Estimation deutlich: Die Entscheidungen bei der Detektion sind entweder falsch oder richtig, d.h. der Empfänger erkennt, daß die Temperatur außerhalb des gewünschten Intervalls liegt oder er erkennt dies wegen der Störungen nicht. Bei der Estimation wird die geschätzte Temperatur jedoch stets mehr oder weniger genau sein, weil der Schätzwert des Empfängers wegen der Störungen mehr oder weniger mit der tatsächlichen Temperatur übereinstimmt.

1.3 Entwurfsansätze

Man kann zwei Ansätze unterscheiden, nach denen man ein System zur Lösung einer gestellten Aufgabe entwirft:

a) Man gibt die Struktur des Systems - linear oder nichtlinear, zeitvariabel oder zeitinvariant usw. - vor und dimensioniert diese Struktur im Sinne der gestellten Aufgabe.
b) Die Struktur bleibt zunächst offen. Durch die Optimalitätskriterien für die gestellte Aufgabe erhält man eine Rechenvorschrift für die Verarbeitung der zur Verfügung stehenden Signale. Damit hat man auch die günstigste Struktur zur Lösung der gestellten Aufgabe gefunden.

Bei jedem Entwurf eines Systems, ob nach dem einen oder dem anderen Ansatz, braucht man ein Kriterium, das vom zu entwerfenden System in optimaler Weise erfüllt werden soll. Dieses Kriterium kann z.B. das maximal mögliche Signal-zu-Rausch-Verhältnis am Ausgang des Systems oder das Minimum der quadratischen Abweichung zwischen einer vorgegebenen und der vom System ermittelten Größe sein.

Um das System im Sinne des Kriteriums optimal entwerfen zu können, muß man Kenntnisse, die sogenannte A-priori-Information, über die zur Verfügung stehenden Nutzsignale und die Störsignale besitzen. Der notwendige Umfang dieser Kenntnisse hängt vom vorgegebenen Optimalitätskriterium ab.

Faßt man die genannten Gesichtspunkte für die Entwurfsansätze zusammen, so erhält man:

1. **Struktur**: Die Struktur wird vorgegeben - z.B. lineares, zeitinvariantes System mit der Impulsantwort $a_0(t)$ - oder bleibt zunächst offen.

2. **Kriterium**: Das Kriterium - z.B. maximales Signal-zu-Rausch-

Verhältnis am Ausgang des Systems zu einem vorgegebenen Zeitpunkt - soll vom System in optimaler Weise erfüllt werden.

3. **Kenntnis der Signale**: In Abhängigkeit vom Optimalitätskriterium braucht man Kenntnisse der auftretenden Nutz- und Störsignale. Beim Kriterium des maximalen Signal-zu-Rausch-Verhältnisses benötigt man z.B. den Verlauf des Nutzsignals s(t) und die Korrelationsfunktion des Störprozesses.

Ein wesentlicher Nachteil des Entwurfsansatzes mit vorgegebener Struktur gegenüber dem Ansatz ohne vorgegebene Struktur liegt darin, daß man nicht weiß, ob die Struktur geeignet ist, das Kriterium optimal zu erfüllen. Es könnte z.B. sein, daß man mit einem nichtlinearen System ein viel größeres Signal-zu-Rausch-Verhältnis erzielen kann als mit einem linearen System.

Um diesen Nachteil zu umgehen, könnte man die allgemeinste denkbare Struktur vorgeben, d.h. ein beliebiges nichtlineares, zeitvariables System. Für ein derartiges System gibt es jedoch keine geschlossene mathematische Beschreibung, so daß man das Ausgangssignal des Systems nicht in allgemeiner Form wie bei linearen, zeitinvarianten Systemen mit Hilfe des Faltungsintegrals angeben kann. Gibt man die Struktur des Systems nicht vor, so erhält man beim Entwurfsprozeß eine mathematische Vorschrift zur Verarbeitung der verfügbaren Signale. Die Realisierung dieser Vorschrift stellt die optimale Struktur für das gegebene Kriterium dar. Deshalb wäre dieser Entwurfsansatz grundsätzlich vorzuziehen. In der Praxis ist die Struktur aus technischen Gründen jedoch nicht immer frei wählbar oder die Herleitung des optimalen Systems wird bei diesen allgemeinen Annahmen zu aufwendig.

2. Grundbegriffe der statistischen Systemtheorie

In diesem Kapitel sollen die wesentlichen Begriffe der Statistik und der Systemtheorie aufgeführt werden, soweit man sie im Rahmen dieses Buches über statistische Nachrichtentheorie benötigt. Dabei wird auf Vollständigkeit und eingehendere Behandlung verzichtet und auf die Literatur [z.B. 6, 13, 14, 28] verwiesen.

Bei der Beschreibung von Zufallsvariablen und Zufallsprozessen muß man zwischen diesen selbst und ihren Realisierungen unterscheiden. Häufig werden in der Nomenklatur deshalb verschiedene Symbole für die Zufallsvariablen und -prozesse und ihre Realisierungen verwendet, wie z.B. auch in der DIN 13 303. Dort werden für die Zufallsvariablen große, für deren Realisierungen kleine Buchstaben verwendet. Überträgt man diese Nomenklatur auf Zufallsprozesse, so müßten diese ebenfalls mit großen Buchstaben bezeichnet werden. In der Nachrichtentechnik hat sich jedoch eingebürgert, Zeitsignale mit kleinen Buchstaben zu bezeichnen, während große Buchstaben der Bezeichnung von deren Spektren vorbehalten sind. Diese gewohnte Bezeichnungsweise wurde hier beibehalten. Um zwischen einer Zufallsvariablen bzw. einem Zufallsprozeß und deren Realisierungen unterscheiden zu können, werden für die Zufallsvariable bzw. den Prozeß fett geschriebene Symbole, für deren Realisierungen Symbole in normaler Dicke verwendet. Diese Schreibweise findet man z.B. auch in [15] und [28]. Die übrigen Bezeichnungen entsprechen jedoch den Empfehlungen der DIN 13 303.

2.1 Begriffe der Statistik

Endlich oder unendlich viele sogenannte Elementarereignisse formen die Merkmalsmenge eines Zufallsexperiments. Bildet man diese Merkmalsmenge auf die reellen Zahlen ab, so erhält man Realisierungen einer Zufallsvariablen. Die mit x bezeichnete Zufallsvariable ist vollständig durch ihre Wahrscheinlichkeitsdichte oder kurz Dichte $f_x(x)$ beschrieben. Für Dichten gilt allgemein, daß sie stets positiv sind

$$f_x(x) \geq 0 \qquad \text{für alle } x \tag{21.1}$$

und daß für das Integral über die Dichte

$$\int_{-\infty}^{+\infty} f_x(x)\, dx = 1 \quad , \tag{21.2}$$

gilt, weil die Wahrscheinlichkeit, daß irgendein Ereignis der Merkmalsmenge eintritt, gleich Eins ist.

Eine der wichtigsten Dichtefunktionen ist die Gaußdichte, die durch zwei Bestimmungsstücke, den Mittelwert $\mu=\mu_x$ und die Varianz $Var(x)=\sigma^2={\sigma_x}^2$, vollständig beschrieben wird:

$$f_x(x) = \frac{1}{(2\pi)^{\frac{1}{2}} \cdot \sigma_x} \exp\left(- \frac{(x-\mu_x)^2}{2{\sigma_x}^2}\right) \quad . \tag{21.3}$$

Die Bestimmungsstücke Mittelwert und Varianz, für die man sich auch bei Zufallsvariablen mit einer anderen als der Gaußdichte interessiert, ohne sie i.a. direkt aus der Dichte ablesen zu können, lassen sich mit Hilfe der Berechnung von Erwartungswerten bestimmen. Unter dem Erwartungswert der Funktion g(x) einer Zufallsvariablen x, die damit selbst eine Zufallsvariable wird, versteht man das Integral

$$E(g(x)) = \int_{-\infty}^{+\infty} g(x)\ f_x(x)\, dx \quad . \tag{21.4}$$

Setzt man im Integranden $g(x)=x$, so erhält man den Mittelwert $E(x)=\mu$. Für $g(x)=(x-\mu)^2$ erhält man die Varianz $E((x-\mu)^2)=\sigma^2$, und mit $g(x)=1$ geht (21.4) in (21.2) über. Wie sich später noch zeigen wird, kann man mit dem Erwartungswert auch die dynamischen Eigenschaften von Prozessen in Form der Korrelationsfunktionen beschreiben.

Mit Hilfe der Dichten lassen sich Wahrscheinlichkeiten von Ereignissen berechnen. Bezeichnet man das Ereignis mit M, so ist P(M) die Wahrscheinlichkeit seines Auftretens. Besteht das Ereignis M darin, daß eine Gaußsche Zufallsvariable größer als eine Zahl γ ist, so gilt mit $\sigma_x=\sigma$ und $\mu_x=\mu$ in (21.3):

$$P(M) = P\{x\geq\gamma\}$$

$$= \int_{\gamma}^{+\infty} f_x(x)\ dx = \int_{\gamma}^{+\infty} \frac{1}{(2\pi)^{\frac{1}{2}}\cdot\sigma} \exp(-\frac{(x-\mu)^2}{2\sigma^2})\ dx$$

$$= \int_{\frac{\gamma-\mu}{\sigma}}^{+\infty} \frac{1}{(2\pi)^{\frac{1}{2}}} \exp(-\frac{x^2}{2})\ dx \quad . \qquad (21.5)$$

Dieses Integral über die Gaußdichte mit der Varianz $\sigma^2=1$ und dem Mittelwert $\mu=0$ von einer unteren Grenze bis nach Unendlich hat eine eigene Bezeichnung. Es ist nicht geschlossen lösbar, läßt sich jedoch mit Hilfe von Tabellen [7], [35] bestimmen. Es gilt:

$$\int_{\alpha}^{+\infty} \frac{1}{(2\pi)^{\frac{1}{2}}} \exp(-\frac{x^2}{2})\ dx = Q(\alpha) \quad . \qquad (21.6)$$

Zur Veranschaulichung dieses Integrals dient Bild 2.1. Es zeigt, daß mit (21.6) $Q(-\infty)=1$, $Q(0)=\frac{1}{2}$ und $Q(+\infty)=0$ gilt. Daraus folgt mit (21.5) stets $0\leq P\leq 1$.

Die Q-Funktion läßt sich auch durch das Gaußsche Fehlerintegral [6] ausdrücken. Es ist für die Berechnung von Wahrscheinlichkeiten, die das Überschreiten einer Schwelle beschreiben, nicht so gut geeignet, da die Grenzen des Gaußschen Fehlerintegrals bei $x=0$ und $x=\alpha$ liegen [6].

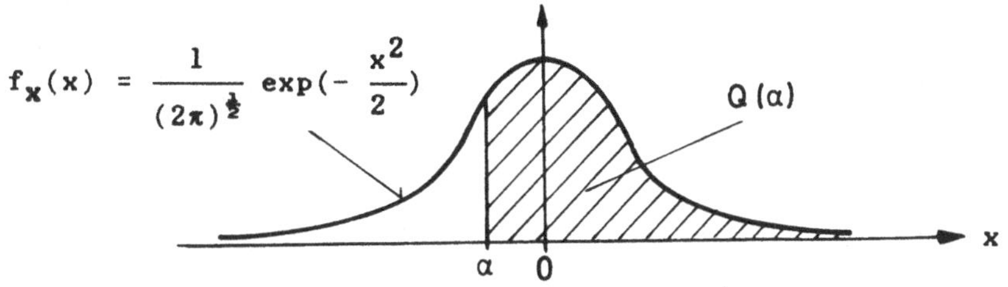

Bild 2.1 Definition der Q-Funktion

Untersucht man das Auftreten zweier Ereignisse M_1 und M_2, die jeweils mit den Wahrscheinlichkeiten nach (21.5) auftreten, im Verbund, so interessiert man sich für die Auftrittswahrscheinlichkeit $P(M_1,M_2)$ des zusammengesetzten Ereignisses oder Verbundereignisses. Die Berechnung dieser Wahrscheinlichkeit hängt davon ab, ob diese Ereignisse statistisch abhängig oder unabhängig sind.

Sind sie voneinander unabhängig, so gilt

$$P(M_1,M_2) = P(M_1)\cdot P(M_2) \quad , \tag{21.7}$$

sind sie abhängig, so gilt

$$\begin{aligned} P(M_1,M_2) &= P(M_1)\cdot P(M_2|M_1) \\ &= P(M_2)\cdot P(M_1|M_2) \quad . \end{aligned} \tag{21.8}$$

Umformung von (21.8) liefert die Bayes-Regel [7]:

$$P(M_1|M_2) = \frac{P(M_1)\cdot P(M_2|M_1)}{P(M_2)} \quad . \tag{21.9}$$

Hängt das Auftreten eines Ereignisses M_1=M nicht von einem anderen Ereignis M_2, sondern von einer Zufallsvariablen x ab, so erhält man statt (21.9) die gemischte Form der Bayes-Regel

$$P(M|x) = \frac{P(M)\cdot f_{x|M}(x|M)}{f_x(x)} \quad . \tag{21.10}$$

Nach (21.5) kann man die Wahrscheinlichkeit eines Ereignisses mit Hilfe der Dichte der entsprechenden Zufallsvariablen berechnen. Deshalb kann man auch die Wahrscheinlichkeit $P(M_1,M_2)$ des Verbundereignisses als Integral über die zugehörige Dichtefunktion ausdrücken. Dazu benötigt man die Verbunddichte $f_{\mathbf{xy}}(x,y)$ der entsprechenden Zufallsvariablen. Diese läßt sich bei statistisch unabhängigen Variablen entsprechend (21.7) berechnen:

$$f_{\mathbf{xy}} = f_{\mathbf{x}}(x)\cdot f_{\mathbf{y}}(y) \quad . \tag{21.11}$$

Sind die Variablen statistisch abhängig, so gilt wie bei (21.8):

$$f_{\mathbf{xy}}(x,y) = f_{\mathbf{x}}(x)\cdot f_{\mathbf{y}|\mathbf{x}}(y|x) = f_{\mathbf{y}}(y)\cdot f_{\mathbf{x}|\mathbf{y}}(x|y) \quad . \tag{21.12}$$

Aus (21.2), (21.11) und (21.12) folgt für die Randdichten:

$$\int_{-\infty}^{+\infty} f_{\mathbf{xy}}(x,y)\; dx = f_{\mathbf{y}}(y) \tag{21.13}$$

$$\int_{-\infty}^{+\infty} f_{\mathbf{xy}}(x,y)\; dy = f_{\mathbf{x}}(x) \quad . \tag{21.14}$$

Häufig beschreibt man eine Zeitfunktion durch Abtastwerte, die bei Einhaltung des Abtasttheorems dem Zeitsignal entnommen werden. Wenn das Zeitsignal die Musterfunktion eines Zufallsprozesses ist, stellen diese Abtastwerte Realisierungen von Zufallsvariablen dar. Da man sich aus praktischen Gründen auf ein endliches Zeitintervall beschränkt, entsteht ein Ensemble von z.B. N Zufallsvariablen. Zur kompakteren Darstellung werden diese Zufallsvariablen zu einem Vektor $\underline{\mathbf{x}}$ zusammengefaßt:

$$\underline{\mathbf{x}} = \begin{bmatrix} \mathbf{x}_1 \\ \mathbf{x}_2 \\ \vdots \\ \mathbf{x}_N \end{bmatrix} \quad . \tag{21.15}$$

Die transponierte Version von $\underline{\mathbf{x}}$ wird mit $\underline{\mathbf{x}}^T$ bezeichnet

$$\underline{x}^T = (x_1, x_2, \cdots, x_N) \quad , \tag{21.16}$$

d.h. es sollen hier Spaltenvektoren verwendet werden.

Für den Vektor $\underline{x}$ der Zufallsvariablen läßt sich eine mehrdimensionale Dichte angeben. Bei diesen mehrdimensionalen Dichten spielt diejenige eine besondere Rolle, bei der die Komponenten x_i des Zufallsvariablenvektors $\underline{x}$ eine Gaußdichte besitzen. Zur Bestimmung der Dichte von $\underline{x}$ benötigt man den Vektor der Mittelwerte der Komponenten. Mit (21.4) gilt:

$$\underline{\mu} = E(\underline{x}) \quad . \tag{21.17}$$

Ferner braucht man die Kovarianzmatrix

$$\underline{\underline{\Sigma}}_{\underline{x}\underline{x}} = E((\underline{x}-\underline{\mu})(\underline{x}-\underline{\mu})^T) \quad , \tag{21.18}$$

die die Stelle der Varianz bei eindimensionalen Dichten einnimmt. Für die Dichte $f_{\underline{x}}(\underline{x})$ von $\underline{x}$ gilt damit:

$$f_{\underline{x}}(\underline{x}) = \frac{1}{((2\pi)^N |\underline{\underline{\Sigma}}_{\underline{x}\underline{x}}|)^{\frac{1}{2}}} \exp\,(-\tfrac{1}{2}(\underline{x}-\underline{\mu})^T \underline{\underline{\Sigma}}_{\underline{x}\underline{x}}{}^{-1}(\underline{x}-\underline{\mu})) \quad , \tag{21.19}$$

wobei der Vektor $\underline{x}$ nach (21.15) N-dimensional ist. Für unkorrelierte x_i ist $\underline{\underline{\Sigma}}_{\underline{x}\underline{x}}$ eine Diagonalmatrix. Damit wird aber in (21.19)

$$f_{\underline{x}}(\underline{x}) = \prod_{i=1}^{N} f_{xi}(x_i) \quad . \tag{21.20}$$

Eingangs wurde gesagt, daß man durch Abbildung der Merkmalsmenge auf die Menge der reellen Zahlen Realisationen einer Zufallsvariablen erhält. Wenn diese Abbildung zeitabhängig ist, erhält man statt der Realisierungen einer Zufallsvariablen Musterfunktionen eines Zufallsprozesses.

Man interessiert sich nun für die statistischen Abhängigkeiten des Prozesses zu aufeinanderfolgenden Zeitpunkten. Ebenso interessiert man sich für die statistische Abhängigkeit zweier und mehrerer Prozesse zu aufeinanderfolgenden Zeitpunkten. Diese Abhängigkeiten werden durch Korrelationsfunktionen beschrieben. Bei zwei Prozessen $\mathbf{x}(t)$ und $\mathbf{y}(t)$ mit den Musterfunktionen $x(t)$ und $y(t)$ verwendet man die Kreuzkorrelationsfunktion

$$s_{\mathbf{xy}}(t_1,t_2) = E(\mathbf{x}(t_1)\cdot\mathbf{y}(t_2))$$

$$= \int_{-\infty}^{+\infty}\int_{-\infty}^{+\infty} x(t_1)\ y(t_2)\ f_{\mathbf{xy}}(x,t_1;y,t_2)\ dx\ dy \quad . \qquad (21.21)$$

Für den Prozeß selbst verwendet man die Autokorrelationsfunktion $s_{\mathbf{xx}}(t_1,t_2)$, die man für $\mathbf{x}=\mathbf{y}$ aus (21.21) erhält.

Wenn die betrachteten Prozesse stationär sind, hängen die Korrelationsfunktionen nicht von den Zeitpunkten selbst, sondern von deren Differenzen ab. Man unterscheidet dabei strenge und schwache Stationarität.

Für die Zeitabhängigkeit der Dichte zweiter Ordnung eines streng stationären Prozesses gilt dabei:

$$f_{\mathbf{xx}}(x,t_1;x,t_2) = f_{\mathbf{xx}}(x,t_1+\Delta t;x,t_2+\Delta t)$$

$$= f_{\mathbf{xx}}(x,t;x,t-\tau) \quad , \qquad (21.22)$$

mit $t_1=t$ und $\tau=t_1-t_2$. Die Dichte erster Ordnung eines streng stationären Prozesses ist demzufolge zeitunabhängig.

Beim schwach stationären Prozeß hängt die Autokorrelationsfunktion lediglich von der Zeitdifferenz τ ab, und der Mittelwert wird zeitunabhängig, d.h. konstant.

Mit $t_1=t$ und $t_2=t-\tau$ folgt aus (21.21) für die Autokorrelationsfunktion eines stationären Prozesses $\mathbf{x}(t)$:

$$s_{\mathbf{xx}}(\tau) = E(\mathbf{x}(t)\cdot\mathbf{x}(t-\tau)) \quad . \qquad (21.23)$$

Für $\tau=0$ nimmt die Autokorrelationsfunktion nach (21.23) den quadratischen Mittelwert des Prozesses an, der gleich der Summe aus der Varianz und dem Quadrat des Mittelwerts ist:

$$s_{xx}(0) = E(x^2(t)) = \sigma^2 + \mu^2 \quad . \tag{21.24}$$

Für Prozesse, die mindestens schwach stationär sind, kann man aus den Korrelationsfunktionen nach dem Wiener-Khintchine-Theorem die zugehörigen Leistungsdichten berechnen. Für die Leistungsdichte des Prozesses x(t) gilt dann:

$$S_{xx}(f) = \int_{-\infty}^{+\infty} s_{xx}(\tau)\, e^{-j2\pi f\tau}\, d\tau \quad , \tag{21.25}$$

d.h. die Leistungsdichte ist die Fourier-Transformierte der zugehörigen Korrelationsfunktion. Umgekehrt gilt für die Autokorrelationsfunktion:

$$s_{xx}(\tau) = \int_{-\infty}^{+\infty} S_{xx}(f)\, e^{j2\pi f\tau}\, df \quad . \tag{21.26}$$

Wenn x(t) ein weißer Rauschprozeß ist, dann gilt:

$$s_{xx}(\tau) = N_W\, \delta_0(\tau) \tag{21.27}$$

$$S_{xx}(f) = N_W \qquad -\infty < f < +\infty \quad . \tag{21.28}$$

N_W ist die Rauschleistungsdichte. Ihre Einheit ist nach Vereinbarung V^2/Hz. Man nimmt nämlich an, daß der Effektivwert der Rauschspannung an einem Widerstand von 1Ω gemessen wird [18].

2.2 Transformationen von Zufallsvariablen und Prozessen

In der statistischen Nachrichtentheorie interessiert man sich dafür, wie die auftretenden Zufallsvariablen - z.B. zu schätzende Parameter - und Zufallsprozesse - z.B. die Nutz- und Störsignale am Eingang der Empfänger - durch die verwendeten Systeme umgeformt werden. In erster Linie interessiert dabei die Transformation von Zufallsvariablen und Prozessen durch lineare Systeme.

Tab. 2.1a Grundbegriffe der Statistik

---

1. Dichte einer Gaußschen Zufallsvariablen

$$f_x(x) = \frac{1}{(2\pi)^{\frac{1}{2}} \cdot \sigma} \exp\left(- \frac{(x-\mu)^2}{2\sigma^2}\right)$$

Mittelwert $E(x) = \mu$, Varianz $Var(x) = \sigma^2$

---

2. Erwartungswert einer Zufallsvariablen, die durch die Transformation mit der Funktion $g(x)$ entsteht

$$E(g(x)) = \int_{-\infty}^{+\infty} g(x)\ f_x(x)\ dx$$

---

3. Mehrdimensionale Dichte des Gaußschen Zufallsvariablenvektors $\underline{x}$ der Dimension N

$$f_{\underline{x}}(\underline{x}) = \frac{1}{((2\pi)^N |\underline{\underline{\Sigma}}_{\underline{x}\underline{x}}|)^{\frac{1}{2}}} \exp(-\tfrac{1}{2}(\underline{x}-\underline{\mu})^T \underline{\underline{\Sigma}}_{\underline{x}\underline{x}}{}^{-1}(\underline{x}-\underline{\mu}))$$

Kovarianzmatrix $\underline{\underline{\Sigma}}_{\underline{x}\underline{x}} = E((\underline{x}-\underline{\mu})\cdot(\underline{x}-\underline{\mu})^T)$

Vektor der Mittelwerte $\underline{\mu} = E(\underline{x})$

---

4. Q-Funktion

$$Q(\alpha) = \int_{\alpha}^{+\infty} \frac{1}{(2\pi)^{\frac{1}{2}}} \exp(- \frac{x^2}{2})\ dx$$

---

5. Bayes-Regel (Ereignisse M_1, M_2)

$$P(M_1|M_2) = \frac{P(M_1)\cdot P(M_2|M_1)}{P(M_2)}$$

Tab. 2.1b Grundbegriffe der Statistik (Fortsetzung)

6. Verbundwahrscheinlichkeit der Ereignisse M_1, M_2
   a) M_1, M_2 statistisch unabhängig

$$P(M_1,M_2) = P(M_1)\cdot P(M_2)$$

   b) M_1, M_2 statistisch abhängig

$$P(M_1,M_2) = P(M_1)\cdot P(M_2|M_1)$$
$$= P(M_2)\cdot P(M_1|M_2)$$

7. Kreuzkorrelationsfunktion zweier, zumindest schwach stationärer Zufallsprozesse $\mathbf{x}(t)$ und $\mathbf{y}(t)$

$$s_{\mathbf{xy}}(\tau) = E(\mathbf{x}(t)\cdot\mathbf{y}(t-\tau))$$

   Autokorrelationsfunktion für $\mathbf{y}(t) = \mathbf{x}(t)$

$$s_{\mathbf{xx}}(\tau) = E(\mathbf{x}(t)\cdot\mathbf{x}(t-\tau))$$

8. Wiener-Khintchine-Theorem zur Bestimmung der Leistungsdichten durch Fourier-Transformation

$$S_{\mathbf{xy}}(f) = \int_{-\infty}^{+\infty} s_{\mathbf{xy}}(\tau)\ e^{-j2\pi f\tau}\ d\tau$$

$$s_{\mathbf{xy}}(\tau) = \int_{-\infty}^{+\infty} S_{\mathbf{xy}}(f)\ e^{j2\pi f\tau}\ df$$

Zunächst sei hier an einem Beispiel die Transformation einer Zufallsvariablen durch ein System mit einer einfachen Kennlinie beschrieben. Die Ausgangsvariable des Systems sei y, die Eingangsvariable sei x. Mit den Konstanten a und b gilt dann die Transformationsvorschrift bzw. die Kennlinie:

$$y = f(x) = a \cdot x + b \quad , \tag{22.1}$$

wobei die Dichte $f_x(x)$ am Eingang bekannt sei und die Dichte $f_y(y)$ am Ausgang bestimmt werden soll. Dazu verwendet man folgende Überlegung: Durch die Abbildungs- oder Transformationsvorschrift (22.1) wird einer jeden Menge von x-Werten eine bestimmte Menge von y-Werten zugeordnet. Die Wahrscheinlichkeiten für das Auftreten von Ereignissen dürfen sich durch die Transformation nicht ändern, d.h. die Wahrscheinlichkeit für das Auftreten eines auf der Menge der Zufallsvariablen x definierten Ereignisses muß gleich der Wahrscheinlichkeit für das Auftreten desjenigen Ereignisses sein, das auf der nach (22.1) transformierten Menge der Werte der Zufallsvariablen y definiert ist. Dies gilt insbesondere für die "differentiellen" Wahrscheinlichkeiten [6]

$$f_x(x)\ |dx| = f_y(y)\ |dy| \quad . \tag{22.2}$$

Damit ist aber eine Bestimmungsgleichung für die gesuchte Dichte $f_y(y)$ gegeben:

$$f_y(y) = \left|\frac{dx}{dy}\right| f_x(x)\Big|_{x=f^{-1}(y)} = \frac{1}{|f'(x)|} f_x(x)\Big|_{x=f^{-1}(y)} . \tag{22.3}$$

Wendet man die Beziehung (22.3), die für jede eindeutig umkehrbare Transformation f(x), also auch lineare gilt, auf (22.1) an, so folgt:

$$f_y(y) = \frac{1}{|a|} f_x(x)\Big|_{x=(y-b)/a} = \frac{1}{|a|} f_x((y-b)/a) \quad . \tag{22.4}$$

Mit (22.3) ist eine universelle Transformationsvorschrift für die

Dichte von Zufallsvariablen gegeben, sofern die Kennlinie y=f(x) des transformierenden Systems bekannt und eineindeutig ist.

Nimmt man an, daß die Dichte am Eingang eine Gaußdichte ist, dann gilt für $f_y(y)$:

$$f_y(y) = \frac{1}{(2\pi)^{\frac{1}{2}} a \cdot \sigma} \exp\left(- \frac{(y-a \cdot \mu - b)^2}{2a^2 \cdot \sigma^2}\right) \quad , \qquad (22.5)$$

d.h. die Dichte am Ausgang ist ebenfalls eine Gaußdichte. Diese Tatsache ist allgemein gültig: Eine Gaußsche Zufallsvariable wird durch ein lineares System wieder in eine Gaußsche Zufallsvariable transformiert [7].

Dies gilt auch für lineare dynamische Systeme, deren wichtigste Transformationseigenschaften nun betrachtet werden sollen. Hierbei interessiert in der Regel weniger die Transformation von Zufallsvariablen als die von Prozessen.

Zur Beschreibung von linearen dynamischen Systemen sind zwei Darstellungsweisen üblich, nämlich

a) die Impulsantwort $a_0(t)$, sofern es sich um ein zeitinvariantes System handelt,

b) die Zustandsgleichungen mit Zustandsvektoren $\underline{x}$

$$\begin{aligned} \dot{\underline{x}}(t) &= \underline{A}(t) \cdot \underline{x}(t) + \underline{B}(t) \cdot \underline{u}(t) \\ \underline{y}(t) &= \underline{C}(t) \cdot \underline{x}(t) + \underline{D}(t) \cdot \underline{u}(t) \quad , \end{aligned} \qquad (22.6)$$

sofern man auch zeitvariable Systeme mit mehreren Eingängen $u_i(t)$ und Ausgängen $y_i(t)$ betrachten will. Ferner wird bei dieser Darstellung die physikalische Struktur der Systeme berücksichtigt.

Wenn das mit (22.6) beschriebene System zeitinvariant ist, kann man die zugehörige Impulsantwort in der Form $a_0(t)$ bzw. bei mehreren Ein- und Ausgängen die Matrix der Impulsantworten des Systems angeben.

Mit den hier beschriebenen linearen Systemen kann man statt der determinierten Signale auch Zufallsprozesse transformieren und so aus elementaren Zufallsprozessen - z.B. dem weißen Prozeß - kompliziertere Prozesse mit vorgegebenen Spektren erzeugen. Solange die Prozesse stationär sind, genügt die Beschreibung der das Spektrum formenden Systeme durch die Impulsantwort. Sollen dagegen auch instationäre Prozesse beschrieben werden, wird die Darstellung zeitvariabler Systeme durch Zustandsvariable erforderlich. Auf diese allgemeinere Darstellung von instationären Zufallsprozessen durch Zustandsvariable bzw. Zustandsvektoren wird später näher eingegangen [16]. Hier sollen zunächst nur zeitinvariante Systeme mit einem Ein- und Ausgang zur Beschreibung stationärer Prozesse betrachtet werden.

Es soll nun nach dem Prozeß am Ausgang des Systems mit der Impulsantwort $a_0(t)$ gefragt werden, an dessen Eingang ein zumindest schwach stationärer Prozeß $\mathbf{x}(t)$ mit der Musterfunktion $x(t)$ nach Bild 2.2 liegt.

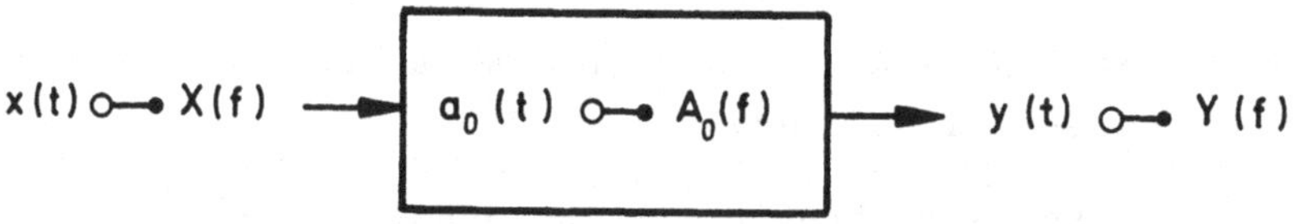

Bild 2.2 Zur Beschreibung linearer Systeme

Der Prozeß am Ausgang mit der Musterfunktion $y(t)$ wird durch die Autokorrelationsfunktion $s_{\mathbf{yy}}(\tau)$ beschrieben. Dafür gilt:

$$\begin{aligned} s_{\mathbf{yy}}(\tau) &= E(\mathbf{y}(t)\cdot\mathbf{y}(t-\tau)) \\ &= a_0(\tau) * a_0(-\tau) * s_{\mathbf{xx}}(\tau) \quad , \qquad (22.7) \end{aligned}$$

wobei $s_{\mathbf{xx}}(\tau)$ die Autokorrelationsfunktion des zumindest schwach stationären Eingangsprozesses ist und * die Faltungsoperation darstellt.

Wendet man auf (22.7) das Wiener-Khintchine-Theorem nach (21.25)

Tab. 2.2 Transformationen von Zufallsvariablen und Prozessen

---

1. Transformation von Zufallsvariablen

Dichte $f_x(x)$ bekannt, Dichte $f_y(y)$ gesucht
Transformationsvorschrift: $y = f(x)$

$$f_y(y) = \frac{1}{|f'(x)|} f_x(x) \Big|_{x=f^{-1}(y)}$$

Durch lineare Systeme werden Gaußsche Zufallsvariable in Gaußsche Zufallsvariable transformiert

---

2. Transformation von Prozessen

Autokorrelationsfunktionen des mindestens schwach stationären Eingangsprozesses bekannt (Leistungsdichte des mindestens schwach stationären Eingangsprozesses bekannt), Autokorrelationsfunktion des Ausgangsprozesses gesucht (Leistungsdichte des Ausgangsprozesses gesucht)

System: linear, zeitinvariant mit der Impulsantwort

$$a_0(t) \circ\!-\!\circ \; A_0(f)$$

$$s_{yy}(\tau) = a_0(\tau) * a_0(-\tau) * s_{xx}(\tau)$$

$$S_{yy}(f) = |A_0(f)|^2 \cdot S_{xx}(f)$$

Kreuzkorrelationsfunktion (Kreuzleistungsdichte) der Prozesse $x(t)$ und $y(t)$

$$s_{yx}(\tau) = a_0(\tau) * s_{xx}(\tau)$$

$$S_{yx}(f) = A_0(f) \cdot S_{xx}(f)$$

---

an, so gelangt man zu den entsprechenden Leistungsdichten

$$s_{yy}(\tau) \circ\!\!-\!\!\circ S_{yy}(f) = |A_0(f)|^2 \cdot S_{xx}(f) \quad , \qquad (22.8)$$

wobei $A_0(f) \circ\!\!-\!\!\circ a_0(t)$ die Fouriertransformierte der Impulsantwort ist.

Interessiert auch die statistische Verwandtschaft zwischen Ein- und Ausgangsprozeß, so bildet man die Kreuzkorrelationsfunktion

$$\begin{aligned} s_{yx}(\tau) &= E(y(t) \cdot x(t-\tau)) \\ &= a_0(\tau) * s_{xx}(\tau) \end{aligned} \qquad (22.9)$$

bzw. die Kreuzleistungsdichte

$$s_{yx}(\tau) \circ\!\!-\!\!\circ S_{yx}(f) = A_0(f) \cdot S_{xx}(f) \quad . \qquad (22.10)$$

Damit sind die wesentlichen Eigenschaften von Systemen bei der Transformation von Zufallsvariablen und Prozessen bekannt, soweit sie hier benötigt werden.

3. Signaldarstellung durch Vektoren

Es gibt verschiedene Formen der Signaldarstellung, z.B. durch ihre Zeitverläufe, durch ihre Spektren, durch Parameter usw. Die Wahl einer dieser Darstellungsarten hängt davon ab, in welcher Weise die verwendeten Signale verarbeitet werden oder wodurch die signalverarbeitenden Systeme am geeignetsten dargestellt werden können.

In diesem Kapitel soll eine Darstellungsweise beschrieben werden, die sich besonders für gestörte Signale eignet. Diese Darstellungsweise muß in der Lage sein, sowohl deterministische Nutzsignale als auch stochastische Signale in Form von Musterfunktionen von Störprozessen wiederzugeben. Für diese Aufgabe ist die Signaldarstellung durch Vektoren geeignet.

Bei den deterministischen Signalen ist diese Darstellungsweise von der Entwicklung in Fourierreihen, mit Hilfe von Walsh-Funktionen [29] usw. oder auch von der Abtastung her bekannt, bei der die Signale durch (sin x)/x-Funktionen dargestellt werden, die jeweils um die Abtastzeit verschoben sind. Die Koeffizienten dieser Reihenentwicklungen werden zu einem Vektor zusammengefaßt und repräsentieren das Signal.

Gemeinsam ist allen diesen Verfahren, daß das Signal durch sogenannte orthonormale Basisfunktionen dargestellt wird. Abhängig von den Signaleigenschaften - Bandbegrenzung, Periodizität, Signale mit oder ohne diskrete Amplitudenstufen - sind die verschiedenen Verfahren mehr oder weniger gut geeignet, wobei die Eignung sich z.B. in Form der erforderlichen Anzahl von orthonormalen

Funktionen oder in ihrer technischen Darstellbarkeit ausdrückt.

Für ein auf das Intervall $0 \le t \le T$ beschränktes Energiesignal, d.h. ein Signal mit endlicher Energie

$$E_s = \int_0^T s^2(t)\, dt < \infty \tag{3.1}$$

gilt für eine Basis von orthonormalen, d.h. orthogonalen und normierten Signalen $p_i(t)$

$$s(t) = \lim_{N \to \infty} \sum_{i=1}^{N} s_i\, p_i(t) \qquad 0 \le t \le T \tag{3.2}$$

mit

$$s_i = \int_0^T s(t)\, p_i(t)\, dt \quad . \tag{3.3}$$

Orthonormalität der Basis p_j, $j=1...N$ bedeutet:

$$\int_0^T p_i(t)\, p_j(t)\, dt = \delta_{ij} = \begin{cases} 1 & i=j \\ 0 & i \neq j \end{cases} \quad . \tag{3.4}$$

Man nennt eine Basis orthonormaler Funktionen $p_i(t)$ vollständig, wenn für jedes Signal $s(t)$

$$\lim_{N \to \infty} \{ \int_0^T (s(t) - \sum_{i=1}^{N} s_i\, p_i(t))^2\, dt \} = 0 \tag{3.5}$$

gilt, d.h. wenn man jedes Signal $s(t)$ mit Hilfe dieser Basis darstellen kann. Es kann dabei sein, daß sich die Signale auch mit $N < \infty$ orthonormalen Basisfunktionen darstellen lassen.

3.1 Darstellung von Prozessen durch Vektoren

Die im vorangehenden Abschnitt geschilderte Darstellungsweise determinierter Signale durch Vektoren soll nun auf Prozesse übertragen werden.

Bei einem Zufallsprozeß, der durch seine Musterfunktionen repräsentiert wird, muß man nicht jede dieser Musterfunktionen durch die orthonormale Basis $p_i(t)$, $i=1...N$ darstellen können. Vielmehr genügt es, wenn im Mittel die Musterfunktionen $n(t)$ des Prozesses $\mathbf{n}(t)$ durch die Basis wiedergegeben werden. Die Definition der Vollständigkeit nach (3.5) nimmt für Prozesse deshalb die Form

$$\lim_{N\to\infty} E((\mathbf{n}(t) - \sum_{i=1}^{N} \mathbf{n}_i\, p_i(t))^2) = 0 \qquad 0 \le t \le T \qquad (31.1)$$

an. Die Koeffizienten $\mathbf{n}_i$ sind hier Zufallsvariable, die den Prozeß $\mathbf{n}(t)$ mit Hilfe der noch zu bestimmenden orthonormalen Basis $p_i(t)$, $i=1...N$ beschreiben. Überträgt man die hier angestellten Überlegungen auf die Musterfunktionen, d.h. die Realisierungen des Zufallsprozesses, so gilt entsprechend (3.3) für die Koeffizienten

$$n_i = \int_0^T n(t)\, p_i(t)\, dt \quad . \qquad (31.2)$$

bzw. bei einer endlichen Anzahl von orthonormalen Basisfunktionen zur Beschreibung einer Musterfunktion $n(t)$ des Prozesses $\mathbf{n}(t)$ nach (3.2):

$$n(t) = \sum_{i=1}^{N} n_i\, p_i(t) \qquad 0 \le t \le T \quad . \qquad (31.3)$$

Man wird dabei die orthonormale Basis $p_i(t)$, $i=1...N$ so wählen, daß die Koeffizienten unkorreliert sind, weil dadurch die Berechnungen von Wahrscheinlichkeitsdichten und damit von statistischen Parametern einfacher werden. Mit

$$E(\mathbf{n}_i) = \mu_{ni} \qquad (31.4)$$

ist diese Forderung nach Unkorreliertheit der Koeffizienten identisch mit

$$E((n_i-\mu_{ni})\cdot(n_j-\mu_{nj})) = \sigma_{ni}^2\cdot\delta_{ij} \quad . \tag{31.5}$$

Der Einfachheit halber nimmt man an, daß die Mittelwerte μ_{ni} der Zufallsvariablen n_i bzw. des Störprozesses $n(t)$ verschwinden; sollte dies nicht zutreffen, müßte man den Mittelwert gesondert betrachten, was jedoch zu keinem anderen Ergebnis bezüglich der Basisfunktionen führt. Für (31.5) gilt dann:

$$E(n_i n_j) = \sigma_{ni}^2\cdot\delta_{ij} = \begin{cases} \sigma_{ni}^2 & i=j \\ 0 & i\neq j \end{cases} \quad . \tag{31.6}$$

Für Gaußprozesse sind die einzelnen Koeffizienten n_i dann auch statistisch unabhängig voneinander.

Setzt man in (31.6) die Koeffizienten nach (31.2) ein, so erhält man nach Vertauschen von Erwartungswertbildung und Integration:

$$E(n_i n_j) = E\left(\int_0^T n(t_1)\; p_i(t_1)\; dt_1 \; \int_0^T n(t_2)\; p_j(t_2)\; dt_2 \right)$$

$$= \int_0^T p_i(t_1) \int_0^T E(n(t_1)n(t_2))\; p_j(t_2)\; dt_2\; dt_1$$

$$= \sigma_{ni}^2\cdot\delta_{ij} \quad . \tag{31.7}$$

Führt man die Autokorrelationsfunktion des Störprozesses $s_{nn}(t_1,t_2)$ ein, so gilt

$$\int_0^T p_i(t_1) \int_0^T s_{nn}(t_1,t_2)\; p_j(t_2)\; dt_2\; dt_1 \overset{!}{=} \sigma_{ni}^2\cdot\delta_{ij} \quad . \tag{31.8}$$

Wegen der Eigenschaften der orthonormalen Basisfunktionen $p_i(t)$ nach (3.4) wird (31.8) erfüllt, wenn mit $t_1=t$ die Beziehung

$$\int_0^T s_{nn}(t,t_2)\; p_j(t_2)\; dt_2 = \sigma_{ni}^2\cdot\delta_{ij} \qquad 0 \le t \le T \tag{31.9}$$

gilt. Durch Lösung dieser Integralgleichung lassen sich die Basisfunktionen $p_j(t)$ bestimmen. Man bezeichnet in (31.9) diese Funktionen $p_j(t)$ als Eigenfunktionen und die σ_{ni}^2 als Eigenwerte. Die Lösung der Integralgleichung, d.h. die Bestimmung der $p_j(t)$ hängt von der Autokorrelationsfunktion $s_{nn}(t,t_2)$ des Störprozesses ab. Die Reihendarstellung für den Repräsentanten n(t) des Störprozesses, die man mit Hilfe der so gewonnenen Koeffizienten nach (31.2) gewinnt, bezeichnet man als Karhunen-Loève-Entwicklung [20, 21, 22]. Von besonderem Interesse ist die Lösung der Integralgleichung (31.9), wenn ihr Kern, d.h. die Autokorrelationsfunktion $s_{nn}(t,t_2)$ die eines stationären weißen Rauschprozesses ist, wenn also

$$s_{nn}(t,t_2) = s_{nn}(t-t_2) = N_w \cdot \delta_0(t-t_2) \qquad (31.10)$$

gilt. Aus (31.9) folgt dann:

$$\begin{aligned}\int_0^T N_w \, \delta_0(t-t_2) \, p_j(t_2) \, dt_2 &= N_w \cdot p_j(t) \\ &= \sigma_{ni}^2 \cdot p_j(t) \quad , \qquad (31.11)\end{aligned}$$

d.h. alle Eigenwerte σ_{ni} sind gleich, und als orthonormale Basis ist jedes beliebige orthonormale Funktionensystem wählbar. Nach (31.6) sind die Eigenwerte σ_{ni}^2 gleich den Varianzen der Komponenten n_i, die den Störprozeß n(t) darstellen. Diese Eigenwerte sind alle gleich und stimmen zahlenmäßig mit der Rauschleistungsdichte N_w des weißen Prozesses überein.

Damit ist eine Darstellungsweise für den Störprozeß n(t) gefunden. Man verwendet dazu einen den Prozeß repräsentierenden Vektor $\underline{n}$, dessen Komponenten man allgemein aus der Karhunen-Loève-Entwicklung erhält, wobei die orthonormale Basis $p_i(t)$ nach (31.9) bestimmt wird. Ist der Störprozeß weißes Rauschen, dient jedes orthonormale Funktionensystem als Basis. Weil nach (31.11) hier alle Eigenwerte gleich werden, konvergiert die Reihe mit (31.1) nicht für $N \to \infty$, wie man zeigen kann. Dies wird daraus verständlich, daß die Autokorrelationsfunktion nach (31.10) auf eine im gesamten Frequenzintervall $-\infty < f < +\infty$ konstante Leistungsdichte führt. Damit ist die Energie dieses Signals aber nicht endlich. Also entspricht der weiße Störprozeß einem nicht realisierbaren Modell. Dieses Modell hat jedoch große praktische Bedeutung: An irgendeiner Stelle von jedem Übertragungssystem tritt eine Bandbegrenzung ein. Damit kann man aber jeden Störprozeß mit konstanter Leistungsdichte innerhalb dieser Bandbegrenzung als einen bezüglich dieses Übertragungssystems weißen Störprozeß ansehen.

Die Freiheit bei der Wahl der orthonormalen Basisfunktionen $\varphi_i(t)$ hat den wesentlichen Vorteil, daß man über die $\varphi_i(t)$ verfügen kann, wenn sich Nutz- und Störsignale überlagern. Dann kann man dieses orthonormale Basissystem so wählen, daß sich die auftretenden Nutzsignale in einfacher Weise darstellen lassen.

3.2 Vektordarstellung von M Signalen

Bisher war bei der Vektordarstellung von Signalen angenommen worden, daß jedes beliebige Signal s(t) durch das vollständige orthonormale Basissystem $\varphi_j(t)$, j=1...N dargestellt werden soll.

Bei einem Nachrichtenübertragungssystem zur Detektion von Signalen oder zur Estimation von Signalen und Parametern wird stets eins der beim Entwurf des Senders vorgegebenen Signale gesendet. Bei der Detektion ist lediglich unbekannt, welches dieser Signale gesendet wird. Bei der Estimation ist unbekannt, wie groß der Parameter ist bzw. welchen Verlauf das zu schätzende Signal hat, während das Sendesignal, das vom Parameter oder dem zu schätzenden Signal abhängt, bekannt ist. Das Problem der Vektordarstellung von Signalen beschränkt sich hier also auf den Fall, M bekannte Signale $s_i(t)$, $1 \le i \le M$ mit Hilfe einer orthonormalen Basis $\varphi_j(t)$ darzustellen. Weil hier das Ensemble der darzustellenden Signale bekannt ist, braucht man nur $N \le M$ orthonormale Basisfunktionen $\varphi_j(t)$, d.h. die den Signalen entsprechenden Vektoren haben die Dimension $N \le M$. Damit gilt:

$$s_i(t) = \sum_{j=1}^{N} s_{ij}\, \varphi_j(t) \qquad i = 1 \ldots M \tag{32.1}$$

mit

$$s_{ij} = \int_0^T s_i(t)\ \varphi_j(t)\ dt \qquad \begin{array}{l} i = 1 \dots M \\ j = 1 \dots N \end{array} \quad . \tag{32.2}$$

Die Beschränkung auf das Beobachtungsintervall $0 \le t \le T$ ist willkürlich, d.h. man kann die Zeit T z.B. über alle Grenzen wachsen lassen. In der Praxis werden die Signale aber zeitbegrenzt sein, was durch die hier verwendete Schreibweise ausgedrückt wird.

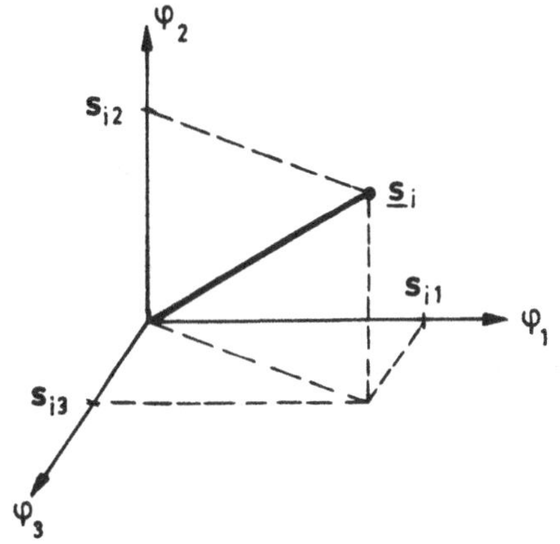

Bild 3.1 Vektordarstellung eines Signals

Dem Signal $s_i(t)$ nach (32.1) wird der Vektor

$$\underline{s}_i = (s_{i1}, s_{i2}, \dots , s_{iN})^T \tag{32.3}$$

zugeordnet. Zu seiner graphischen Darstellung benötigt man einen N-dimensionalen Raum, dessen Achsen die orthonormalen Funktionen $\varphi_j(t)$ zugeordnet werden, wie Bild 3.1 zeigt.

Es interessiert nun noch, wie man apparativ die Komponenten s_{ij} der Vektoren $\underline{s}_i$ gewinnt, und wie man umgekehrt aus den Komponenten das Signal gewinnt.

Die Antwort auf diese Fragen liefern die Beziehungen (32.1) und (32.2), deren apparative Realisierung die Blockschaltbilder 3.2 und 3.3 zeigen. Sie entsprechen in abstrakter Form dem Aufbau der beiden Komponenten eines Modems bei der Datenübertragung.

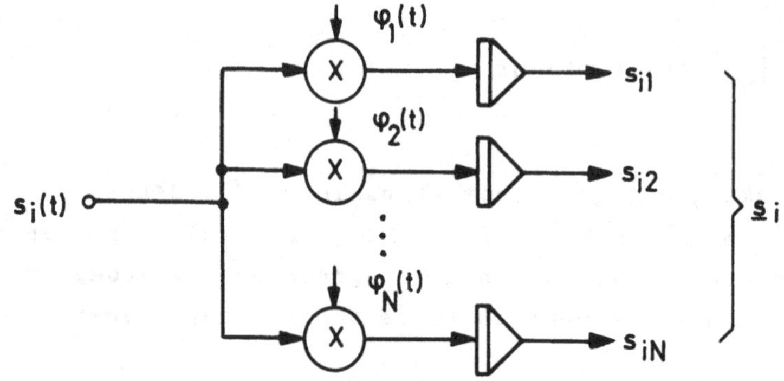

Bild 3.2 Demodulator zur Gewinnung von Signalvektoren

Nach (32.2) muß das Signal $s_i(t)$ jeweils mit der orthonormalen Funktion $\varphi_j(t)$, $1 \leq j \leq N$ multipliziert und dann über das Intervall $0 \leq t \leq T$ integriert werden, um die jeweilige Komponente des Vektors zu liefern, wie auch Bild 3.2 zeigt. Umgekehrt wird das Signal $s_i(t)$ durch die gewichtete Summe der orthonormalen Basisfunktionen gewonnen. Dazu speist man N parallele Filter der Impulsantwort $\varphi_j(t)$ mit Impulsen, die mit den Koeffizienten s_{ij} gewichtet sind. Die Ausgänge der Filter werden aufsummiert.

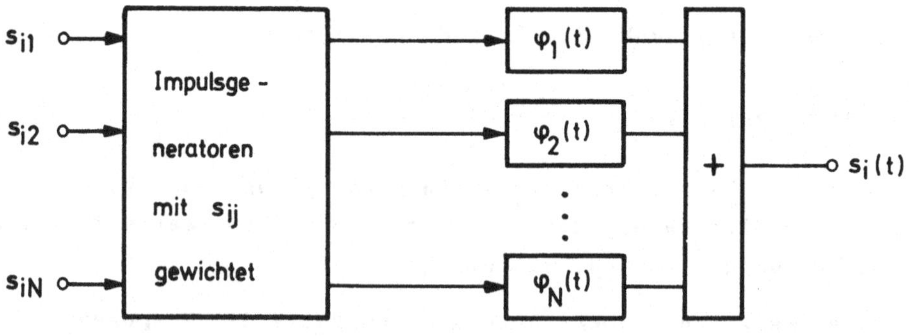

Bild 3.3 Modulator zur Gewinnung des Signals $s_i(t)$

Bisher ist die Frage offen geblieben, wie man die orthonormalen Basisfunktionen $\varphi_j(t)$ gewinnen kann. Es gibt dazu mehrere Möglichkeiten. Eine oft benutzte Methode ist das Gram-Schmidt-Verfahren.

3.2.1 Gram-Schmidt-Verfahren

Dieses Verfahren liefert für einen Satz von M vorgegebenen Signalen $s_i(t)$ mit endlicher Energie einen Satz von N orthonormalen Basisfunktionen $\varphi_j(t)$. Zunächst ordnet man die Signalfunktionen $s_i(t)$ in einer beliebigen Reihenfolge an. In Abhängigkeit von dieser Reihenfolge erhält man verschiedene orthonormale Basissysteme $\varphi_j(t)$.

Die Schritte des Verfahrens sind im einzelnen:

1. orthonormale Funktion

Mit $s_1(t) \neq 0$ gilt:

$$\varphi_1(t) = \frac{s_1(t)}{(E_{s1})^{\frac{1}{2}}} \tag{32.4}$$

$$E_{s1} = \int_0^T s_1^2(t)\, dt \quad , \tag{32.5}$$

wobei E_{s1} der Norm entspricht. Sofern $s_1(t)=0$ gilt, beginnt man bei der ersten Funktion $s_i(t) \neq 0$.

2. orthonormale Funktion

Mit der Hilfsfunktion

$$h_1(t) = s_2(t) - s_{21} \cdot \varphi_1(t) \tag{32.6}$$

$$s_{21} = \int_0^T s_2(t)\, \varphi_1(t)\, dt \tag{32.7}$$

gilt:

$$\varphi_2(t) = \frac{h_1(t)}{(E_{h1})^{\frac{1}{2}}} \tag{32.8}$$

$$E_{h1} = \int_0^T h_1^2(t)\, dt \quad . \tag{32.9}$$

j. orthonormale Funktion

Mit der Hilfsfunktion

$$h_{j-1}(t) = s_j(t) - \sum_{i=1}^{j-1} s_{ji} \cdot p_i(t) \tag{32.10}$$

$$s_{ji} = \int_0^T s_j(t)\ p_i(t)\ dt \qquad i = 1 \ldots j-1 \tag{32.11}$$

gilt:

$$p_j(t) = \frac{h_{j-1}(t)}{(E_{j-1})^{\frac{1}{2}}} \tag{32.12}$$

$$E_{hj-1} = \int_0^T h_{j-1}{}^2(t)\ dt \quad . \tag{32.13}$$

Wenn eine Hilfsfunktion $h_{j-1}(t)$ identisch verschwindet, so bedeutet dies, daß das Signal $s_j(t)$ durch eine Linearkombination der orthonormalen Funktionen $p_i(t)$, $i=1 \ldots j-1$ vollständig dargestellt werden kann. Bei Berechnung der Hilfsfunktionen $h_{j-1}(t)$ werden ja alle Anteile des Signals $s_j(t)$, die durch die bisher gewonnenen Funktionen $p_j(t)$ dargestellt werden, subtrahiert, um eine neue orthonormale Funktion zu gewinnen. Wird eine der Funktionen $h_{j-1}(t)$ zu Null, so setzt man das Verfahren mit $s_{j+1}(t)$ fort. Auf diese Weise erhält man $N \leq M$ Funktionen $p_j(t)$.

Die Signalenergie E_{si} der Signale $s_i(t)$ läßt sich leicht aus den Signalvektorkoeffizienten s_{ij} bestimmen:

$$\begin{aligned} E_{si} = \int_0^T s_i{}^2(t)\ dt &= \int_0^T \sum_{j=1}^{N} s_{ij}\ p_j(t) \sum_{k=1}^{N} s_{ik}\ p_k(t)\ dt \\ &= \sum_{j=1}^{N} \sum_{k=1}^{N} s_{ij}\ s_{ik} \int_0^T p_j(t)\ p_k(t)\ dt \\ &= \sum_{j=1}^{N} \sum_{k=1}^{N} s_{ij}\ s_{ik}\ \delta_{jk} = \sum_{j=1}^{N} s_{ij}{}^2 \quad . \end{aligned} \tag{32.14}$$

Dies ist aber die Aussage des Theorems von Parseval.

3.3 Irrelevante Information

In Abschnitt 3.1 wurde gezeigt, daß ein weißer Störprozeß $\mathbf{n}(t)$ durch jede vollständige orthonormale Basis $p_i(t)$, $i=1...N$ darstellbar ist. In Abschnitt 3.2 zeigte sich, daß man M Signale $s_i(t)$, wie sie als Nutzsignale bei Detektionsproblemen auftreten, durch $N \leq M$ orthonormale Funktionen $p_i(t)$ darstellen kann. Diese orthonormale Basis $p_i(t)$, $i=1...N$ ist in der Regel nicht vollständig, so daß man sicher nicht alle Musterfunktionen des Störprozesses $n(t)$ fehlerfrei durch diese Basis darstellen kann. Welche Auswirkung diese Tatsache auf die Darstellbarkeit von gestörten Signalen hat, soll nun näher untersucht werden.

Mit Hilfe der orthonormalen Basis $p_j(t)$, $j=1...N$ werde das Nutzsignal $s(t)$ durch den Vektor $\underline{s}$ dargestellt. Dem Signal $s(t)$ überlagere sich additiv das Störsignal $n(t)$, der Repräsentant des Störprozesses $\mathbf{n}(t)$, so daß das gestörte Signal

$$r(t) = s(t) + n(t) \tag{33.1}$$

entsteht, das wie $n(t)$ die Realisation eines Zufallsprozesses darstellt. Bestimmt man die Komponenten r_j von $r(t)$ in dem orthonormalen Basissystem $p_j(t)$, $j=1...N$ nach

$$r_j = \int_0^T r(t)\, p_j(t)\, dt \quad , \tag{33.2}$$

so wird durch die Linearkombination

$$r_p(t) = \sum_{j=1}^{N} r_j\, p_j(t) \neq r(t) \tag{33.3}$$

das gestörte Signal $r(t)$ in der Regel nicht vollständig dargestellt. Es gilt vielmehr:

$$r(t) = r_p(t) + r_d(t) \quad , \tag{33.4}$$

wobei die Restfunktion $r_d(t)$ nicht im orthonormalen Basissystem $\varphi_j(t)$, $j=1...N$ darstellbar ist. Weil nach Voraussetzung $s(t)$ durch die $\varphi_j(t)$ darstellbar ist, muß

$$r_p(t) = s(t) + n_p(t) \tag{33.5}$$

mit

$$n_p(t) = \sum_{j=1}^{N} n_j \varphi_j(t) \tag{33.6}$$

$$n_j = \int_0^T n(t) \varphi_j(t) \, dt \tag{33.7}$$

gelten. Daraus ergibt sich $r_d(t)$ zu

$$r_d(t) = r(t) - r_p(t) = n(t) - n_p(t) \quad . \tag{33.8}$$

Wenn der zugehörige Prozeß $r_d(t)$ statistisch unabhängig von den Prozessen $s(t)$ und $n_p(t)$ ist, deren Musterfunktionen im orthonormalen Basissystem $\varphi_j(t)$, $j=1...N$ darstellbar sind, kann man bei der Detektion auf die Kenntnis von $r_d(t)$ verzichten. Denn durch die Kenntnis von $r_d(t)$ könnte man nicht mehr über das gestörte Signal erfahren, als man durch die Vektordarstellung im orthonormalen Basissystem $\varphi_j(t)$ ohnehin schon weiß.

Wenn $r_d(t)$ von $s(t)$, dem Ensemble aller Signale $s_i(t)$, und $n_p(t)$ statistisch unabhängig ist, dann muß für die Dichten

$$f_{r_d|n_p,s}(r_d|n_p,s) = f_{r_d}(r_d) \tag{33.9}$$

gelten. Nimmt man an, daß Nutzsignal und Störsignal statistisch unabhängig voneinander sind, so folgt mit der Bayes-Regel nach einiger Umformung:

$$f_{r_d|n_p,s}(r_d|n_p,s) = \frac{f_{r_d,n_p,s}(r_d,n_p,s)}{f_{n_p,s}(n_p,s)} = \frac{f_{r_d,n_p}(r_d,n_p) \cdot f_s(s)}{f_{n_p}(n_p) \cdot f_s(s)}$$

$$= f_{r_d|n_p}(r_d|n_p) \quad , \tag{33.10}$$

d.h. $r_d(t)$ und $s(t)$ sind statistisch unabhängig voneinander.

Nimmt man weiter an, daß $n(t)$ ein Gaußprozeß mit verschwindendem Mittelwert ist, dann gilt dies für die Prozesse $r_d(t)$ und $n_p(t)$ ebenso, weil beide Prozesse durch lineare Transformation aus dem Prozeß $n(t)$ entstehen.

Bei Gaußprozessen sind aber statistische Unabhängigkeit und Unkorreliertheit identisch [6]. Dann sind also $r_d(t)$ und $n_p(t)$ statistisch unabhängig voneinander, wenn

$$E(r_d(t)\cdot n_p(t)) = E(r_d(t))\cdot E(n_p(t)) = 0 \tag{33.11}$$

gilt. Mit (33.6) folgt daraus

$$E(r_d(t_1)\cdot \sum_{j=1}^{N} n_j\ p_j(t_2)) = \sum_{j=1}^{N} p_j(t_2)\ E(r_d(t_1) n_j)$$

$$\overset{?}{=} 0 \tag{33.12}$$

oder

$$E(r_d(t)\cdot n_j) \overset{?}{=} 0 \quad . \tag{33.13}$$

Mit (33.8) gilt unter der schon genannten Annahme weißen Rauschens:

$$E(n(t)\cdot n_j) - E(n_p(t)\cdot n_j)$$

$$= \int_0^T E(n(t)\cdot n(\alpha))\ p_j(\alpha)\ d\alpha - \sum_{i=1}^{N} E(n_i\cdot n_j)\ p_i(t)$$

$$= \int_0^T N_w\ \delta_0(t-\alpha)\ p_j(\alpha)\ d\alpha - \sum_{i=1}^{N} E(n_i\cdot n_j)\ p_i(t)$$

$$= N_w\ p_j(t) - \sum_{i=1}^{N} \int_0^T \int_0^T E(n(\alpha)\cdot n(\beta))\ p_i(\alpha)\ p_j(\beta)\ d\alpha\ d\beta\ p_i(t)$$

$$= N_w\, p_j(t) - \sum_{i=1}^{N} N_w\, \delta_{ij}\, p_i(t) = N_w \cdot (p_j(t) - p_j(t))$$

$$= 0 \quad . \tag{33.14}$$

Damit ist gezeigt, daß $r_d(t)$ auch von $n_p(t)$ statistisch unabhängig ist. Weil $r_d(t)$ weder von $s(t)$ noch von $n_p(t)$ statistisch abhängt, kann man zur Detektion von $s_i(t)$ statt $r(t)$ lediglich $r_p(t)$ betrachten, d.h. den Anteil von $r(t)$, der sich im orthonormalen Basissystem $p_j(t)$, $j=1...N$ darstellen läßt. Deshalb soll künftig der Index p in $r_p(t)$ weggelassen werden, weil die irrelevante Information von $r_d(t)$ keine Rolle spielt.

3.4 Vektorkanäle

Es wurde gezeigt, daß sich ein gestörtes Signal unter bestimmten Voraussetzungen vollständig durch einen Vektor darstellen läßt, der aus demselben Basissystem $p_j(t)$, $j = 1...N$ gewonnen wurde, in dem man auch das ungestörte Signal darstellt. Deshalb genügt es, die entsprechenden Vektoren zu betrachten und Empfänger nach den Eigenschaften der Vektoren zu entwerfen, da die Wahl der Basisfunktionen $p_j(t)$ keinen Einfluß auf den Empfänger hat.

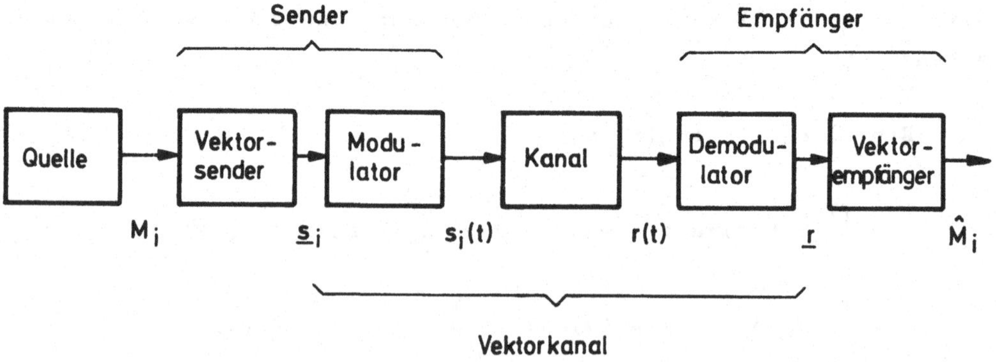

Bild 3.4 Modell des Vektorkanals

Dies legt es nahe, das Nachrichtenübertragungssystem nach Bild

1.1 und Bild 1.2 durch ein anderes Modell zu ersetzen: Statt des bisherigen Kanals zwischen Sender und Empfänger verwendet man einen Vektorkanal, der die Signalvektoren $\underline{s}_i$ überträgt und in dem sich den Signalkomponenten s_{ij} additiv die Störkomponenten n_j nach (33.7) überlagern. Der Vektorkanal besteht aus dem ursprünglichen Kanal und dem Modulator nach Bild 3.3 und dem Demodulator nach Bild 3.2. Der ursprüngliche Sender wurde in einen Vektorsender und den Modulator aufgeteilt.

Da der Empfänger aus dem bereits bekannten Demodulator und einem Vektorempfänger besteht, genügt es, im folgenden den Vektorempfänger zu entwerfen. Dieser hat den angebotenen gestörten Empfangsvektor $\underline{r}$ mit den Komponenten nach (33.2) so zu verarbeiten, daß ein im Sinne der Optimalitätskriterien optimaler Schätzwert $\hat{M}_i$ für das von der Quelle ausgehende Ereignis M_i entsteht.

Dieser Entwurf ist unabhängig von den orthonormalen Basisfunktionen $p_j(t)$, er hängt nur vom Empfangsvektor $\underline{r}$ ab. Deshalb werden Signale mit verschiedenen Basisfunktionen $p_j(t)$, aber denselben Empfangsvektoren $\underline{r}$, denselben Empfänger beim Entwurfsprozeß liefern.

3.5 Zusammenfassung

In diesem Kapitel wurde eine auf Probleme der statistischen Nachrichtentheorie zugeschnittene Darstellungsweise von Signalen durch Vektoren hergeleitet. Durch die Darstellung mit Hilfe orthonormaler Basisfunktionen sind die Komponenten der Signalvektoren nicht miteinander korreliert. Nimmt man ferner an, daß Nutzsignale und Störungen nicht miteinander korreliert sind, und daß die Störungen weißes Gaußsches Rauschen sind, dann lassen sich die gestörten Signale durch Vektoren endlicher Dimension und mit statistisch voneinander unabhängigen Komponenten darstellen. Die orthonormalen Basissignale lassen sich in diesem Falle allein aus den zu übertragenden Nutzsignalen gewinnen.

Dadurch kann man die Kanalmodelle der betrachteten Nachrichten-

^[bertragungssysteme vereinfachen: Es genügt, die entsprechenden Vektorkanäle zu betrachten, und Vektorempfänger für die übertragenen Vektoren unabhängig von den gewählten Basissignalen zu entwerfen.

Durch die Vektordarstellung wird die Berechnung von Verbunddichten besonders einfach: Sie sind das Produkt der Dichten der miteinander verknüpften Variablen.

4. Signalerkennung (Detektion)

Die Quelle eines Nachrichtenübertragungssystems liefert zwei oder mehrere Ereignisse M_i, denen nach den Ergebnissen des vorangegangenen Kapitels ein Zufallsvektor $\underline{s}$ mit den Realisierungen $\underline{s}_i$ zur Beschreibung des jeweiligen Sendesignals zugeordnet wird. Am Ausgang des Vektorkanals steht dann eine Realisierung $\underline{r}$ des gestörten Empfangsvektors $\underline{r}$ zur Verfügung, dessen N Komponenten sich aus den Nutzsignalkomponenten s_{ij} und additiven Störkomponenten n_j zusammensetzen. Die Störungen entstammen dabei einem weißen Gaußschen Rauschprozeß.

Der Vektorempfänger ist nun so zu entwerfen, daß er aus $\underline{r}$ den im Sinne eines vorgegeben Kriteriums optimalen Schätzwert $\hat{M}_i$ für das Ereignis M_i liefert.

4.1 Binäre Detektion

Die Quelle liefert die beiden Ereignisse M_1 und M_2 mit den A-priori-Wahrscheinlichkeiten P_1 und P_2.

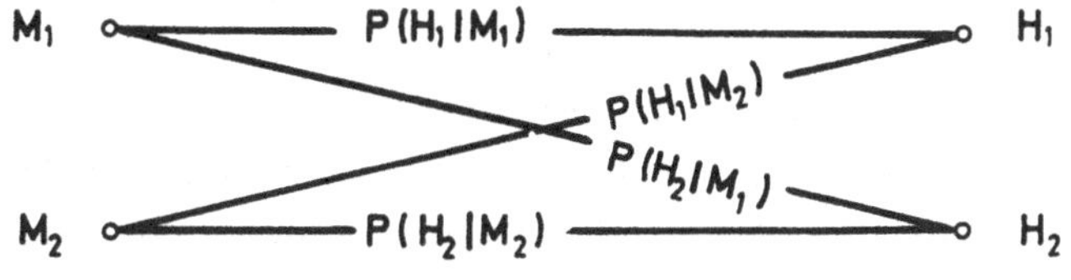

Bild 4.1 Übergangswahrscheinlichkeiten bei der binären Detektion

Am Eingang des Vektorempfängers steht dann ein gestörter Empfangsvektor $\underline{r}$ der Dimension $N \leq 2$ als Repräsentant des Zufallsvektors $\underline{r}$ zur Verfügung. Den beiden Ereignissen entsprechen die beiden Hypothesen H_1 und H_2, zwischen denen sich der Empfänger nach einem noch festzulegenden Optimalitätskriterium durch Auswertung von $\underline{r}$ zu entscheiden hat. Unter der Hypothese H_i versteht man dabei, daß der Empfänger für den Schätzwert $\hat{M}$ das Ereignis M_i setzt (siehe Bild 4.1).

Dabei kann man vier Fälle unterscheiden:

1. Entscheidung für H_1, } wenn M_1 gesendet
2. Entscheidung für H_2, }
3. Entscheidung für H_1, } wenn M_2 gesendet.
4. Entscheidung für H_2, }

Die bedingten Wahrscheinlichkeiten für das Auftreten dieser Fälle zeigt Bild 4.1. Ihre Berechnung hängt von der Entscheidungsregel des Empfängers und diese vom Optimalitätskriterium ab. Der erste und der vierte Fall stellen richtige Entscheidungen dar.

4.1.1 Bayes-Kriterium

Das Bayes-Kriterium hängt von folgenden Größen ab:

1. den A-priori-Wahrscheinlichkeiten P_1 und P_2, mit denen die Quelle die Ereignisse M_1 und M_2 liefert
2. den Kosten, die bei einer der möglichen Entscheidungen nach Abschnitt 4.1 entstehen.

Die Kosten für korrekte Entscheidungen - Fälle eins und vier - sind gering, eventuell sogar negativ, die Kosten für falsche Entscheidungen sind höher. Man bezeichnet die bei den vier möglichen Fällen auftretenden Kosten mit C_{ij}, wobei der Index i die vom Empfänger gewählte Hypothese H_i und j das von der Quelle gelieferte Ereignis M_j bezeichnet.

Beim Bayes-Kriterium soll der als Risiko R bezeichnete Mittelwert der Kosten zum Minimum werden. Mit den A-priori-Wahrscheinlichkeiten P_1 und P_2 der Ereignisse M_1 und M_2 und den Übergangswahrscheinlichkeiten nach Bild 4.1 gilt für das Risiko:

$$R = C_{11}\ P_1\ P(H_1|M_1) + C_{21}\ P_1\ P(H_2|M_1)$$
$$+ C_{12}\ P_2\ P(H_1|M_2) + C_{22}\ P_2\ P(H_2|M_2) \quad . \qquad (41.1)$$

Der Empfänger trifft die Entscheidung für eine der Hypothesen an Hand des Vektors $\underline{r}$. Das bedeutet, daß der N-dimensionale Beobachtungsraum $\underline{R}$, in dem alle möglichen Vektoren $\underline{r}$ liegen, in zwei, den Hypothesen H_1 und H_2 zugeordnete Teilräume $\underline{R}_1$ und $\underline{R}_2$ aufgeteilt werden muß (siehe Bild 4.2). Liegt der empfangene Vektor $\underline{r}$ in $\underline{R}_1$, fällt die Entscheidung für H_1, liegt er in $\underline{R}_2$, fällt sie für H_2. Die Grenze zwischen den Entscheidungsräumen wird so gezogen, daß das Risiko R zum Minimum wird.

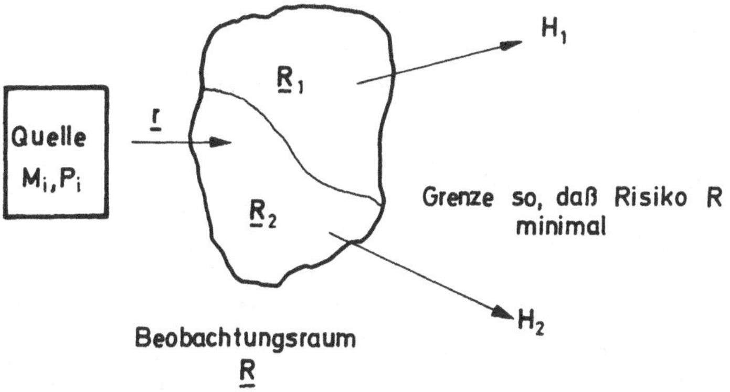

Bild 4.2 Beobachtungsraum $\underline{R}$ und Entscheidungsräume

Aus den bedingten Dichten $f_{\underline{r}|M_i}(\underline{r}|M_i)$ lassen sich die bedingten Wahrscheinlichkeiten in (41.1) als Integrale über die Entscheidungsräume $\underline{R}_1$ und $\underline{R}_2$ angeben. Man erhält:

$$R = C_{11}\ P_1 \int_{\underline{R}_1} f_{\underline{r}|M_1}(\underline{r}|M_1)\ d\underline{r} + C_{21}\ P_1 \int_{\underline{R}_2} f_{\underline{r}|M_1}(\underline{r}|M_1)\ d\underline{r}$$

$$+ C_{12}\ P_2 \int_{\underline{R}_1} f_{\underline{r}|M_2}(\underline{r}|M_2)\ d\underline{r} + C_{22}\ P_2 \int_{\underline{R}_2} f_{\underline{r}|M_2}(\underline{r}|M_2)\ d\underline{r} \quad , \qquad (41.2)$$

wobei die Integrale wegen der Integration über $\underline{R}$ N-fach sind.

Weil die Teilräume $\underline{R}_1$ und $\underline{R}_2$ sich nicht überschneiden und sich zu $\underline{R}$ ergänzen, d.h. weil

$$\underline{R} = \underline{R}_1 \cup \underline{R}_2 \tag{41.3}$$

gilt, folgt

$$\int_{\underline{R}_2} f_{\underline{r}|M_i}(\underline{r}|M_i)\, d\underline{r} = 1 - \int_{\underline{R}_1} f_{\underline{r}|M_i}(\underline{r}|M_i)\, d\underline{r} \quad . \tag{41.4}$$

Für (41.2) folgt damit:

$$\begin{aligned} R = {} & C_{22}\, P_2 + C_{21}\, P_1 \\ & + \int_{\underline{R}_1} \{P_2 \cdot [C_{12}-C_{22}] \cdot f_{\underline{r}|M_2}(\underline{r}|M_2) \\ & \qquad - P_1 \cdot [C_{21}-C_{11}] \cdot f_{\underline{r}|M_1}(\underline{r}|M_1)\}\, d\underline{r} \quad . \end{aligned} \tag{41.5}$$

Die ersten beiden Summanden stellen feste Kosten dar und sind durch Verändern der Teilräume $\underline{R}_i$ nicht zu beeinflussen. Das Integral stellt die Kosten dar, die bei Entscheidung für H_1 entstehen. Damit das Risiko möglichst klein wird, muß dieser Anteil möglichst negativ werden. Weil die Kosten C_{12} und C_{21} für falsche Entscheidungen höher sind als die Kosten C_{11} und C_{22} für richtige Entscheidungen, sind die Ausdrücke in den eckigen Klammern des Integranden positiv. Daraus folgt: Damit das Integral möglichst negativ wird, ordnet man alle Werte von $\underline{r}$, d.h. diejenigen Repräsentanten des Zufallsvektors $\underline{r}$, für die der zweite Term des Integranden größer als der erste ist, $\underline{R}_1$ zu. Sobald also

$$P_1 \cdot [C_{21}-C_{11}] \cdot f_{\underline{r}|M_1}(\underline{r}|M_1) > P_2 \cdot [C_{12}-C_{22}] \cdot f_{\underline{r}|M_2}(\underline{r}|M_2) \tag{41.6}$$

gilt, soll $\underline{r}$ in $\underline{R}_1$ liegen, d.h. die Hypothese H_1 wird gewählt. In allen übrigen Fällen soll $\underline{r}$ in $\underline{R}_2$ liegen, d.h. die Hypothese H_2 wird gewählt.

Zusammengefaßt kann man schreiben:

$$\frac{f_{\underline{r}|M_1}(\underline{r}|M_1)}{f_{\underline{r}|M_2}(\underline{r}|M_2)} \underset{H_2}{\overset{H_1}{\gtreqless}} \frac{P_2\cdot[C_{12}-C_{22}]}{P_1\cdot[C_{21}-C_{11}]} \quad . \tag{41.7}$$

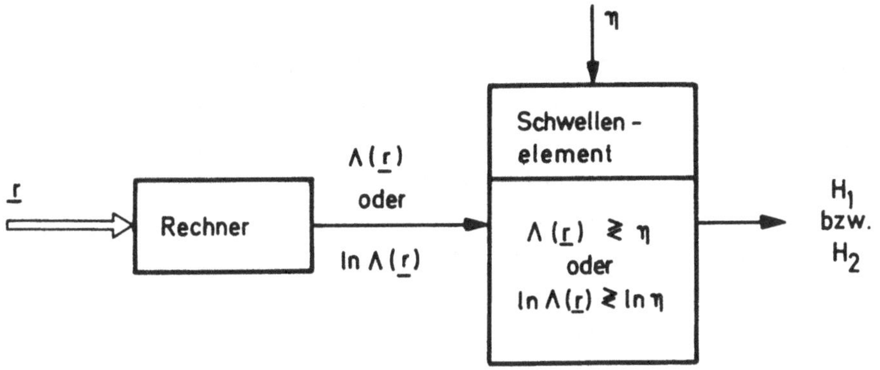

Bild 4.3 Empfänger (Likelihood-Verhältnis-Test)

Den Ausdruck auf der linken Seite bezeichnet man als "Likelihood-Verhältnis" $\Lambda(\underline{r})$:

$$\Lambda(\underline{r}) = \frac{f_{\underline{r}|M_1}(\underline{r}|M_1)}{f_{\underline{r}|M_2}(\underline{r}|M_2)} \quad , \tag{41.8}$$

den Ausdruck auf der rechten Seite als Schwelle η des Tests

$$\eta = \frac{P_2\cdot[C_{12}-C_{22}]}{P_1\cdot[C_{21}-C_{11}]} \quad , \tag{41.9}$$

weshalb man beim Bayes-Kriterium auch vom "Likelihood-Verhältnis-Test" spricht:

$$\Lambda(\underline{r}) \underset{H_2}{\overset{H_1}{\gtreqless}} \eta \quad . \tag{41.10}$$

Wegen der Monotonie des Logarithmus schreibt man auch:

$$\ln \Lambda(\underline{r}) \underset{H_2}{\overset{H_1}{\gtreqless}} \ln \eta \quad . \tag{41.11}$$

Diese Form ist bei Gaußdichten vorteilhaft, weil die Ausdrücke in $\ln \Lambda(\underline{r})$ sehr einfach werden.

Ein Empfänger, der mit dem Likelihood-Verhältnis-Test arbeitet, berechnet zunächst aus dem N-dimensionalen Vektor $\underline{r}$ das skalare Likelihood-Verhältnis $\Lambda(\underline{r})$, d.h. das Verhältnis zweier mehrdimensionaler bedingter Dichten für den empfangenen Vektor $\underline{r}$. Durch Vergleich mit der von außen zugeführten Schwelle η erfolgt die Entscheidung in einem Schwellenelement (Komparator) für eine der Hypothesen H_1 oder H_2 (siehe Bild 4.3). Statt des Rechners kann man auch ein festverdrahtetes Netzwerk verwenden, wenn der Störprozeß und die Vektoren der Nutzsignale sich nicht ändern.

4.1.2 Maximum-a-posteriori-Kriterium (MAP)

Bei diesem Kriterium wird die Fehlerwahrscheinlichkeit, d.h. die Wahrscheinlichkeit, mit der der Empfänger falsche Entscheidungen fällt, zum Minimum gemacht. Man kann dieses Kriterium unter zwei Gesichtspunkten herleiten:

1. Es ist ein Sonderfall des Bayes-Kriteriums mit den Kosten für richtige Entscheidungen $C_{11}=C_{22}=0$ und den Kosten für falsche Entscheidungen $C_{12}=C_{21}=1$. Damit wird das Risiko nach (41.1) gleich der Fehlerwahrscheinlichkeit:

   $$R = P(F) = P_1 \cdot P(H_2|M_1) + P_2 \cdot P(H_1|M_2) \quad . \tag{41.12}$$

   Für die Schwelle des Likelihood-Verhältnis-Tests nach (41.9) folgt:

   $$\eta = \frac{P_2}{P_1} \quad . \tag{41.13}$$

   Bei digitalen Nachrichtenübertragungssystemen, z.B. dem symmetrischen Binärkanal (englisch: binary symmetric channel (BSC)) ist meist $P_1=P_2=\frac{1}{2}$ und damit $\eta=1$.

2. Man kann dieses Kriterium auch unter dem folgenden Gesichtspunkt herleiten, nach dem die Namensgebung erfolgte: Der Empfänger entscheidet sich bei Kenntnis des Empfangsvektors $\underline{r}$ für dasjenige Ereignis M_i, das mit größter Wahrscheinlichkeit von der Quelle gesendet wurde. Diese Wahrscheinlichkeit ist die A-posteriori-Wahrscheinlichkeit $P(M_i|\underline{r})$, weil sie die Wahrscheinlichkeit für das Eintreffen des Ereignisses M_i ist, wenn der Empfangsvektor $\underline{r}$ bereits bekannt ist. Weil sich der Empfänger für das Ereignis mit der größten A-posteriori-Wahrscheinlichkeit entscheidet, fällt die Entscheidung für M_1, wenn

$$P(M_1|\underline{r}) > P(M_2|\underline{r}) \tag{41.14}$$

gilt. Mit der gemischten Form der Bayes-Regel läßt sich dies umformen in

$$\frac{f_{\underline{r}|M_1}(\underline{r}|M_1)\cdot P_1}{f_{\underline{r}}(\underline{r})} > \frac{f_{\underline{r}|M_2}(\underline{r}|M_2)\cdot P_2}{f_{\underline{r}}(\underline{r})} \quad . \tag{41.15}$$

Damit erhält man die Entscheidungsregel, die dem Likelihood-Verhältnis-Test mit der Schwelle η nach (41.13) entspricht:

$$\frac{f_{\underline{r}|M_1}(\underline{r}|M_1)}{f_{\underline{r}|M_2}(\underline{r}|M_2)} \underset{H_2}{\overset{H_1}{\gtreqless}} \frac{P_2}{P_1} \quad . \tag{41.16}$$

Die beiden genannten Gesichtspunkte führen also zu dem selben Ergebnis. Daß die Fehlerwahrscheinlichkeit tatsächlich zum Minimum wird, zeigt sich, wenn man P(F) nach (41.12) in der Form von (41.2) bzw. (41.5) angibt:

$$P(F) = P_1\cdot\int_{\underline{R}_2} f_{\underline{r}|M_1}(\underline{r}|M_1)\, d\underline{r} + P_2\cdot\int_{\underline{R}_1} f_{\underline{r}|M_2}(\underline{r}|m_2)\, d\underline{r}$$

$$= \int_{\underline{R}_1} (P_2 \cdot f_{\underline{r}|M_2}(\underline{r}|M_2) - P_1 \cdot f_{\underline{r}|M_1}(\underline{r}|M_1))\, d\underline{r} + P_1 \quad .$$

(41.17)

Nach (41.15) wird der zweite der Integranden größer als der erste, so daß die Fehlerwahrscheinlichkeit zum Minimum wird.

Kennt man die A-priori-Wahrscheinlichkeiten P_1 und P_2 nicht und nimmt sie deshalb zu $P_1=P_2=\frac{1}{2}$ an, so wird nach (41.17) die Fehlerwahrscheinlichkeit zum Maximum, d.h. für alle anderen Werte von P_1 und P_2 erhält man nach (41.17) niedrigere Fehlerwahrscheinlichkeiten. Wenn dagegen tatsächlich $P_1=P_2=\frac{1}{2}$ gilt, nimmt P(F) nach (41.17) das überhaupt mögliche Maximum an. Einen Empfänger, dessen Schwelle η für diesen Fall eingestellt wurde und der nach dem Likelihood-Verhältnis-Test arbeitet, bezeichnet man als Mini-Max-Empfänger: Die mit ihm erreichte Fehlerwahrscheinlichkeit ist eine Abschätzung des minimalen Wertes von P(F) bei unbekannter A-priori-Wahrscheinlichkeit nach oben.

4.1.3 Neyman-Pearson-Kriterium

Bei diesem Kriterium benötigt man weder die A-priori-Wahrscheinlichkeiten P_1 und P_2 noch die Kosten C_{ij}. Die das Kriterium bestimmenden Größen sind:

$$P_F = \int_{\underline{R}_1} f_{\underline{r}|M_2}(\underline{r}|M_2)\, d\underline{r} \quad , \tag{41.18}$$

$$P_E = \int_{\underline{R}_1} f_{\underline{r}|M_1}(\underline{r}|M_1)\, d\underline{r} \quad . \tag{41.19}$$

Man nennt die erste Größe "Fehlalarmwahrscheinlichkeit" oder "Falschalarmrate", die zweite "Entdeckungswahrscheinlichkeit". Diese zwei Bezeichnungen stammen aus der Radartechnik: Das Ereignis M_1 bedeutet, daß z.B. ein Flugobjekt vorhanden, und M_2, daß keines vorhanden ist. Dann ist P_F die Wahrscheinlichkeit, daß ein Objekt gemeldet wird, obwohl keines vorhanden ist, und P_E ist die

Wahrscheinlichkeit, mit der ein tatsächlich vorhandenes Objekt gemeldet wird. Man möchte grundsätzlich, daß P_E möglichst groß und P_F möglichst klein wird. Beide Forderungen widersprechen sich aber, wie Bild 4.4 zeigt: Macht man die Schwelle γ sehr hoch, so wird zwar P_F sehr klein, dasselbe gilt aber auch für P_E. Macht man andererseits γ sehr niedrig, dann werden P_E und P_F sehr groß. Die Grenzfälle sind also $P_E=P_F=0$ und $P_E=P_F=1$.

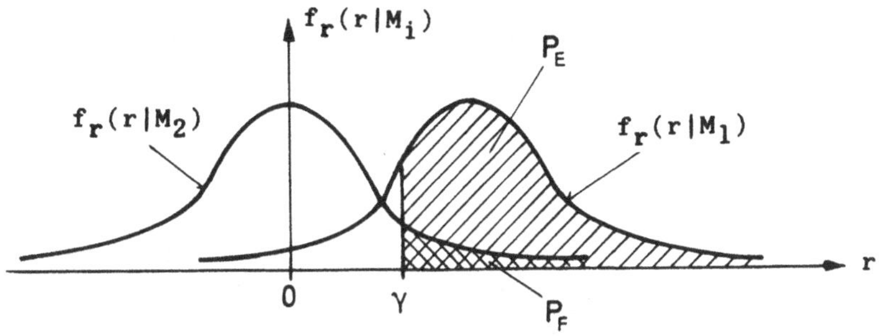

Bild 4.4 Wahrscheinlichkeiten P_E und P_F

Beim Neyman-Pearson-Kriterium fordert man deshalb, daß P_E ein Maximum wird unter der Nebenbedingung, daß $P_F=\alpha'$ ist, bei Radarsystemen z.B. $P_F=10^{-5}$. Zur Lösung dieser Aufgabe verwendet man die Multiplikatorregel von Lagrange, mit der die Funktion

$$F = P_E + \lambda\cdot(\alpha' - P_F) \tag{41.20}$$

zum Maximum gemacht wird. Dabei ist λ der Lagrangesche Multiplikator. Mit $P_F=\alpha'$ wird P_E maximal, sofern F zum Maximum wird. Mit den Definitionen (41.18) und (41.19) folgt für (41.20):

$$F = \lambda\cdot\alpha' + \int_{\underline{R}_1} (f_{\underline{r}|M_1}(\underline{r}|M_1) - \lambda\cdot f_{\underline{r}|M_2}(\underline{r}|M_2))\, d\underline{r} \quad . \tag{41.21}$$

Nun wird F sicher zu einem Maximum, wenn der Integrand zum Maximum wird. Also zählt man alle die $\underline{r}$ zu $\underline{R}_1$, für die

$$f_{\underline{r}|M_1}(\underline{r}|M_1) > \lambda\cdot f_{\underline{r}|M_2}(\underline{r}|M_2) \tag{41.22}$$

gilt. Alle übrigen Vektoren $\underline{r}$ zählt man zu $\underline{R}_2$. Im ersten Fall wird also die Hypothese H_1, im zweiten die Hypothese H_2 gewählt. Formt man (41.22) um, so erhält man einen Likelihood-Verhältnis-Test mit der Schwelle $\eta=\lambda$:

$$\frac{f_{\underline{r}|M_1}(\underline{r}|M_1)}{f_{\underline{r}|M_2}(\underline{r}|M_2)} = \Lambda(r) \underset{H_2}{\overset{H_1}{\gtreqless}} \lambda \quad . \tag{41.23}$$

Die bisher unbekannte Schwelle λ wird nach der Forderung

$$P_F = \int_{\underline{R}_1} f_{\underline{r}|M_2}(\underline{r}|M_2)\, d\underline{r} \overset{!}{=} \alpha' \tag{41.24}$$

bestimmt. Als Realisierung des Empfängers für den Likelihood-Verhältnis-Test kann man sich das Blockschaltbild im Bild 4.3 vorstellen. Darin berechnet ein Rechner aus dem N-dimensionalen Empfangsvektor $\underline{r}$ das skalare Likelihood-Verhältnis $\Lambda(\underline{r})$. Dies ist die Realisation einer Zufallsvariablen mit der bedingten Dichte $f_{\Lambda|M_i}(\Lambda|M_i)$. Die Fehlalarmwahrscheinlichkeit läßt sich auch mit dieser Dichte bestimmen: Immer wenn das Ereignis M_2 vorliegt und die Schwelle λ vom Likelihood-Verhältnis $\Lambda(\underline{r})$ überschritten wird, entsteht ein Fehlalarm. Daraus folgt:

$$P_F = \int_{\lambda}^{+\infty} f_{\Lambda|M_2}(\Lambda|M_2)\, d\Lambda \overset{!}{=} \alpha' \quad . \tag{41.25}$$

Weil α' vorgegeben wurde und die Dichte von Λ aus den bedingten Dichten von $\underline{r}$ bestimmbar ist, kann man mit Hilfe von (41.25) die Schwelle λ bestimmen.

Vergleicht man die bisher betrachteten Kriterien der binären Detektion und die daraus gewonnenen Entscheidungsregeln miteinander, so erkennt man folgende, in Bild 4.5 gezeigten Gemeinsamkeiten bei der Ausführung des Likelihood-Verhältnis-Tests:

1. Das Likelihood-Verhältnis $\Lambda(\underline{r})$ wird aus den Daten der verwendeten Signale und Störungen von Sender und Kanal gebildet.

Tab. 4.1 Kriterien der binären Detektion

Likelihood-Verhältnis-Test

Verhältnis: $$\Lambda(\underline{r}) = \frac{f_{\underline{r}|M_1}(\underline{r}|M_1)}{f_{\underline{r}|M_2}(\underline{r}|M_2)}$$ Schwelle: η

Test: $$\Lambda(\underline{r}) \underset{H_2}{\overset{H_1}{\gtreqless}} \eta \quad , \qquad \ln \Lambda(\underline{r}) \underset{H_2}{\overset{H_1}{\gtreqless}} \ln \eta$$

Bayes-Kriterium: min. Risiko

$$R = \sum_{i=1}^{2} \sum_{j=1}^{2} P_j \, C_{ij} \, P(H_i|M_j) \qquad \eta = \frac{P_2 \cdot [C_{12}-C_{22}]}{P_1 \cdot [C_{21}-C_{11}]}$$

A-priori-Kenntnisse: P_i , C_{ij}

Maximum-a-posteriori-Kriterium:

min. Fehlerwahrscheinlichkeit

$$P(F) = \sum_{i=1}^{2} \sum_{\substack{j=1 \\ j \neq i}}^{2} P_j \, P(H_i|M_j) \qquad \eta = \frac{P_2}{P_1}$$

A-priori-Kenntnisse: P_i

Neyman-Pearson-Kriterium:

max. Entdeckungswahrscheinlichkeit P_E

vorgegeben:

Fehlalarmwahrscheinlichkeit (Falschalarmrate) P_F $\qquad \eta = f(P_F)$

A-priori-Kenntnisse: P_F

---

2. Man bestimmt eine vom Kriterium abhängige Schwelle η, mit der $\Lambda(\underline{r})$ verglichen wird. Dazu braucht man Daten von der Quelle (P_i, i=1;2) und vom Kriterium (C_{ij} bzw. P_F). Je nach Über- bzw. Unterschreiten der Schwelle fällt die Entscheidung für eine der beiden Hypothesen.

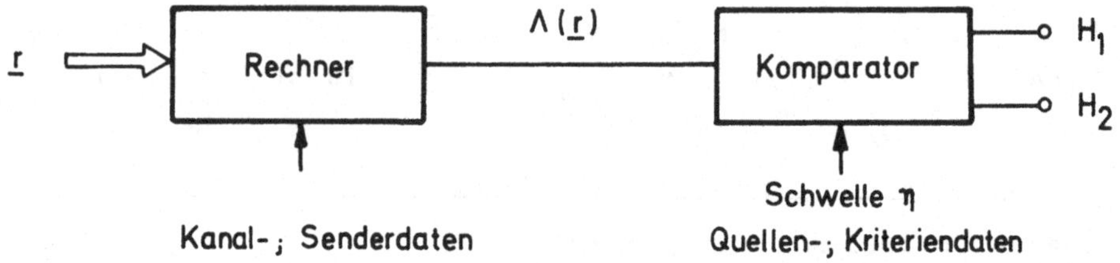

Bild 4.5 Likelihood-Verhältnis-Test

4.1.4 Empfängerarbeitscharakteristik

Den vier Fällen, die bei der binären Detektion nach Abschnitt 4.1 auftreten können, entsprechen vier bedingte Wahrscheinlichkeiten. Weil sich nach (41.4) die beiden auf dasselbe Ereignis M_i bezogenen Wahrscheinlichkeiten zu Eins ergänzen, lassen sich von den insgesamt vier Wahrscheinlichkeiten jeweils zwei durch die übrigen zwei ausdrücken. Deshalb genügen zwei Wahrscheinlichkeiten, um die Wirkungsweise eines Empfängers zu charakterisieren. Beim Neyman-Pearson-Kriterium waren dies die Entdeckungswahrscheinlichkeit P_E nach (41.19) und die Fehlalarmwahrscheinlichkeit P_F nach (41.18). Drückt man das Risiko R nach (41.2) in diesen Wahrscheinlichkeiten aus, so gilt:

$$R = C_{11}\, P_1\, P_E + C_{21}\, P_1\, (1-P_E) + C_{12}\, P_2\, P_F + C_{22}\, P_2\, (1-P_F) \qquad (41.26)$$

und für die Fehlerwahrscheinlichkeit nach (41.27):

$$P(F) = P_1\, (1-P_E) + P_2\, P_F \quad . \qquad (41.27)$$

Bei der Beschreibung des Neyman-Pearson-Kriteriums zeigte sich, daß man P_E und P_F nicht unabhängig voneinander wählen kann. Deshalb verwendet man zur Beschreibung der Wirkungsweise eines Empfängers die Empfängerarbeitscharakteristik (ROC: receiver operating characteristic)

$$P_E = f(P_F, d) \quad , \qquad (41.28)$$

wobei d die Parameter des Empfängers beschreibt, die ihrerseits von den Eigenschaften der vorhandenen Nutz- und Störsignale abhängen. Faßt man diese Eigenschaften zusammen, so erhält man das Signal-zu-Rausch-Verhältnis, bei weißem Rauschen z.B. den Quotienten aus Signalenergie und Rauschleistungsdichte.

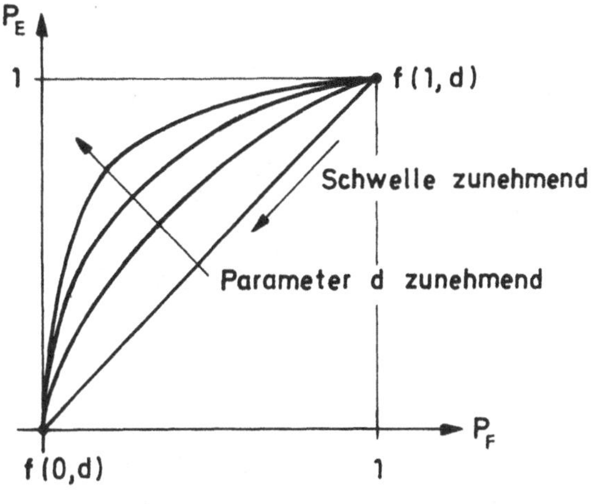

Bild 4.6 Empfängerarbeitscharakteristiken

Bild 4.6 zeigt typische Charakteristiken. Allen ist gemeinsam,

1. daß sie durch die Punkte f(1,d)=1 und f(0,d)=0 gehen, weil für P_E=1 auch P_F=1 und für P_E=0 auch P_F=0 wird (siehe Neyman-Pearson-Kriterium), und
2. daß sie oberhalb der Geraden P_E=P_F liegen und nach rechts gekrümmt sind, wenn man sie im Sinne wachsender Werte von P_F durchläuft. Die Charakteristiken liegen oberhalb von P_E=P_F, weil für P_E=P_F die Signalleistung und damit das Signal-zu-

Rausch-Verhältnis zu Null wird. Zwangsläufig folgt die Rechtskrümmung aus der ersten Eigenschaft und der Tatsache $P_E \geq P_F$.

Die Charakteristiken zeigen, daß mit wachsendem Parameter d, d.h. zunehmendem Signal-zu-Rausch-Verhältnis, bei festem P_F der Wert von P_E zunimmt. Dies kann man sich an Hand von Bild 4.7 veranschaulichen: Mit zunehmendem Signal-zu-Rausch-Verhältnis wird bei konstanter Signalleistung die Rauschleistung kleiner, d.h. mit abnehmender Varianz der Störkomponenten werden die Dichtefunktionen schmäler. Damit P_F konstant bleibt, muß die Schwelle λ weiter nach links rücken, so daß die Entdeckungswahrscheinlichkeit zunimmt. Ferner zeigt Bild 4.6, daß mit wachsender Schwelle P_E und P_F kleiner werden. Das kann man sich an Bild 4.7 verdeutlichen: Je weiter die Schwelle nach rechts rückt, d.h. zunimmt, desto kleiner werden die Flächen, die ein Maß für P_E und P_F sind.

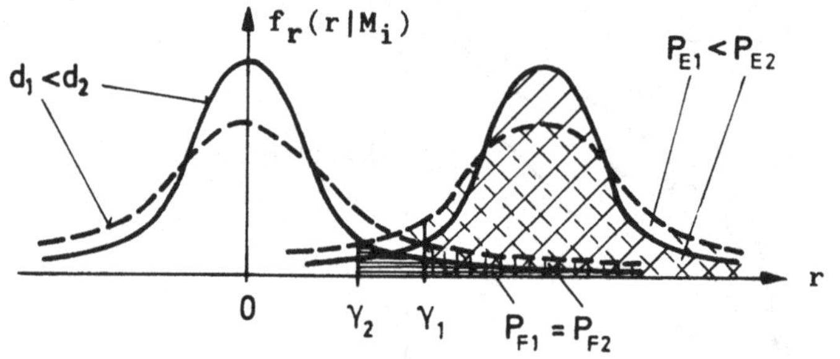

Bild 4.7 Einfluß der Zunahme von d (Signal-zu-Rausch-Verhältnis)

Beim Neyman-Pearson-Kriterium ist die Fehlalarmwahrscheinlichkeit P_F vorgegeben. In der Charakteristik nach (41.28) ist deshalb d als variabler und P_F als fester Parameter aufzufassen. Dazu zeigt Bild 4.8 eine Charakteristik, in der P_E als Funktion von d, dem vom Signal-zu-Rausch-Verhältnis abhängigen Parameter dargestellt wird. Die Kurven beginnen auf der Ordinatenachse in den Punkten $P_E=P_F$ für d=0. Mit steigendem P_F nimmt die Schwelle ab, wie auch aus Bild 4.6 und den Überlegungen zu Bild 4.7 hervorgeht. Die Empfängerarbeitscharakteristiken lassen einen Vergleich zwischen realisierten Empfängern zu. Bei der Realisierung wird man das optimale System nur näherungsweise erreichen. Deshalb wird man unter den realisierten Empfängern denjenigen wählen, dessen Charakteristik am günstigsten ist.

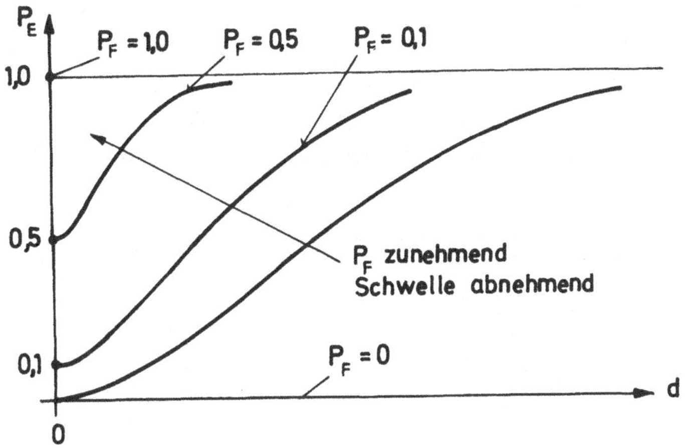

Bild 4.8 Empfängercharakteristik für einen Empfänger nach dem Neyman-Pearson-Kriterium

4.2 Multiple Detektion

Bisher wurde angenommen, daß nur zwei Ereignisse von der Quelle geliefert werden können. Nun soll die Quelle M Ereignisse M_i liefern können, denen die M Signale $s_i(t)$ entsprechen. Mit Hilfe von $N \leq M$ orthonormalen Basisfunktionen $\varphi_j(t)$ lassen sich diese Signale nach Kapitel 3 als N-dimensionale Vektoren darstellen.

Wie bei der binären Detektion kann man Kriterien nach Bayes, Neyman-Pearson oder dem MAP-Prinzip aufstellen, um die Entscheidungsregel des Empfängers herzuleiten. Kennt man z.B die A-priori-Wahrscheinlichkeiten P_i der Ereignisse M_i sowie die bedingten Dichten $f_{\underline{r}|M_i}(\underline{r}|M_i)$ des gestörten Empfangsvektors und gibt sich die Kosten C_{ij} vor, so erhält man entsprechend (41.2) für das Risiko bei multipler Detektion:

$$R = \sum_{i=1}^{M} \sum_{j=1}^{M} P_j \, C_{ij} \int_{\underline{R}_i} f_{\underline{r}|M_j}(\underline{r}|M_j) \, d\underline{r} \quad , \qquad (42.1)$$

wobei sich das Integral über den N-dimensionalen Entscheidungsraum $\underline{R}_i$ für die Hypothese H_i erstreckt. Formal besteht also kein Unterschied zu dem Ergebnis bei der binären Detektion. Das Risiko nach (42.1) umfaßt jedoch M^2 Terme, weil man bei M Ereignissen M_i und M Hypothesen H_j insgesamt M^2 Fälle bei der Entscheidung des Empfängers erhält (siehe Bild 4.9). Demgegenüber ergaben sich bei der binären Detektion nur vier Fälle.

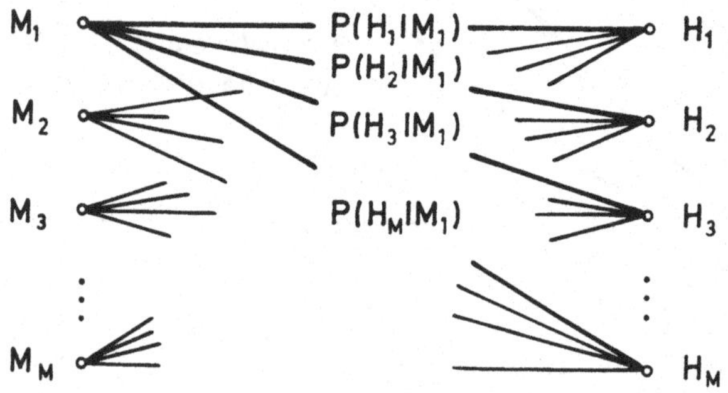

Bild 4.9 Übergangswahrscheinlichkeiten bei multipler Detektion

Für große Werte von M ist es oft unmöglich, sinnvolle Werte für die Kosten C_{ij} des Bayes-Kriteriums bzw. für die Fehlalarmwahrscheinlichkeiten des Neyman-Pearson-Kriteriums anzugeben. Deshalb wird bei multipler Detektion fast ausschließlich das MAP-Prinzip als Optimalitätskriterium verwendet, wenn man von Anwendungen des Bayes-Kriteriums in der Mustererkennung einmal absieht, bei der man für die Kostenfaktoren sinnvolle Werte angeben kann, um z.B. die Unterscheidungsmerkmale von zu erkennenden Ziffern und Buchstaben zu gewichten. Ansonsten, z.B. bei der Datenübertragung, verwendet man das MAP-Kriterium, das den Vorteil aufweist, ohne Angabe von Bewertungsgrößen für die M^2 Fälle die Fehlerwahrscheinlichkeit zum Minimum zu machen.

4.2.1 MAP-Prinzip für multiple Detektion

Im Abschnitt 4.1.2 wurde das MAP-Prinzip bei binärer Detektion betrachtet. Dieses Prinzip soll nun auf M Ereignisse erweitert werden. Die Aussage des MAP-Prinzips besteht darin, daß der

Empfänger sich für die Hypothese bzw. das Ereignis M_i entscheidet, das bei Kenntnis des gerade eingetroffenen Empfangsvektors $\underline{r}$ mit größter Wahrscheinlichkeit von der Quelle geliefert wurde. Dazu sucht der Empfänger unter allen A-posteriori-Wahrscheinlichkeiten $P(M_i|\underline{r})$, $i=1...M$ nach der größten. Die Entscheidungsregel lautet also:

$$P(M_i|\underline{r}) > P(M_j|\underline{r}) \qquad j = 1 \ldots M, \quad j \neq i \quad, \tag{42.2}$$

d.h. bei Gültigkeit dieser Beziehung entscheidet sich der Empfänger für die Hypothese H_i, daß das Ereignis M_i von der Quelle gesendet wurde. Mit der gemischten Form der Bayes-Regel kann man (42.2) folgendermaßen umformen:

$$\frac{P_i \cdot f_{\underline{r}|M_i}(\underline{r}|M_i)}{f_{\underline{r}}(\underline{r})} > \frac{P_j \cdot f_{\underline{r}|M_j}(\underline{r}|M_j)}{f_{\underline{r}}(\underline{r})} \qquad j = 1 \ldots M, \quad j \neq i$$

$$P_i \cdot f_{\underline{r}|M_i}(\underline{r}|M_i) > P_j \cdot f_{\underline{r}|M_j}(\underline{r}|M_j) \quad . \tag{42.3}$$

Die Wahrscheinlichkeit, mit der der Empfänger eine richtige Entscheidung trifft, d.h. mit der er sich für die Hypothese H_i entscheidet, wenn tatsächlich M_i von der Quelle stammt, bezeichnet man mit $P(C|M_i)$. Sie hat die Größe:

$$P(C|M_i) = \int_{\underline{R}_i} f_{\underline{r}|M_i}(\underline{r}|M_i)\, d\underline{r} \quad . \tag{42.4}$$

Die Wahrscheinlichkeit für alle korrekten Entscheidungen ist dann aber gleich der mit den A-priori-Wahrscheinlichkeiten P_i gewichteten Summe der Wahrscheinlichkeiten in (42.4):

$$P(C) = \sum_{i=1}^{M} P_i \; P(C|M_i)$$

$$= \sum_{i=1}^{M} P_i \int_{\underline{R}_i} f_{\underline{r}|M_i}(\underline{r}|M_i)\, d\underline{r} \quad . \tag{42.5}$$

Weil nur richtige oder falsche Entscheidungen möglich sind, ergänzen sich die Wahrscheinlichkeiten für richtige und falsche Entscheidungen zu Eins. Daraus folgt:

$$P(F) = 1 - P(C) \quad . \tag{42.6}$$

Durch die Bedingung (42.3) wird der Integrand in (42.5) und damit P(C) zum Maximum. Folglich wird die Fehlerwahrscheinlichkeit P(F) zum Minimum.

4.2.2 Entscheidungsregel bei Gaußprozessen

Aus der Bedingung (42.3) des MAP-Prinzips ist die Zerlegung des Beobachtungsraums $\underline{R}$, in dem alle möglichen Empfangsvektoren liegen, in die Entscheidungsräume $\underline{R}_i$ abzuleiten. Dabei soll angenommen werden, daß

1. die Störungen weißem Gaußschen Rauschen entstammen,
2. Nutzsignale und Störungen statistisch unabhängig voneinander sind
3. die Signale nach Kapitel 3 durch ein orthonormales Funktionensystem in N-dimensionale Vektoren transformiert wurden, deren Komponenten nicht miteinander korreliert sind.

Mit Hilfe der Beziehung

$$\underline{r} = \underline{s}_i + \underline{n} \tag{42.7}$$

läßt sich die bedingte Dichtefunktion $f_{\underline{r}|M_i}(\underline{r}|M_i)$ aus der bedingten Dichte $f_{\underline{n}|M_i}(\underline{n}|M_i)$ nach (22.4) transformieren, wobei (42.7) eine lineare Kennlinie f(x) mit der Variablen $x=\underline{n}$ und der Konstanten $\underline{s}_i$ beschreibt:

$$f_{\underline{r}|M_i}(\underline{r}|M_i) = f_{\underline{n}|M_i}(\underline{r}-\underline{s}_i|M_i) = f_{\underline{n}}(\underline{r}-\underline{s}_i) \quad . \tag{42.8}$$

Die bedingte Dichte wird zu einer einfachen Dichte, weil $\underline{n}$ und $\underline{s}_i$ bzw. das $\underline{s}_i$ bedingende Ereignis M_i nach Voraussetzung statistisch unabhängig voneinander sind. Die Komponenten n_i von $\underline{n}$ sind aber Repräsentanten von nicht miteinander korrelierten Gaußschen Zufallsvariablen mit gleicher Varianz σ^2, so daß für (42.8) folgt

$$f_{\underline{n}}(\underline{r}-\underline{s}_i) = \prod_{k=1}^{N} f_{n_k}(r_k-s_{ik})$$

$$= \frac{1}{(2\pi\sigma^2)^{N/2}} \exp\left(- \sum_{k=1}^{N} \frac{(r_k-s_{ik})^2}{2\sigma^2}\right) \quad . \tag{42.9}$$

Damit gilt für (42.3):

$$P_i \cdot \exp\left(- \sum_{k=1}^{N} \frac{(r_k-s_{ik})^2}{2\sigma^2}\right) > P_j \cdot \exp\left(- \sum_{k=1}^{N} \frac{(r_k-s_{jk})^2}{2\sigma^2}\right)$$

$$j = 1 \ldots M, \; j \neq i \tag{42.10}$$

bzw. aufgelöst nach den Komponenten

$$\sum_{k=1}^{N} (r_k-s_{ik})^2 < \sum_{k=1}^{N} (r_k-s_{jk})^2 + 2\sigma^2 \ln \frac{P_i}{P_j}$$

$$j = 1 \ldots M, \; j \neq i \quad . \tag{42.11}$$

In (42.11) treten die Abstandsquadrate zwischen dem Empfangsvektor $\underline{r}$ und den Signalvektoren $\underline{s}_i$ und $\underline{s}_j$ auf. Die Entscheidungsregel besagt: Wenn der quadratische Abstand zwischen $\underline{r}$ und einem Signalvektor $\underline{s}_i$ kleiner als zwischen $\underline{r}$ und jedem anderen Signalvektor $\underline{s}_j$ mit $j=1 \ldots M$, $j \neq i$ zuzüglich einer Konstanten

$$c = 2\sigma^2 \cdot \ln \frac{P_i}{P_j} \tag{42.12}$$

ist, dann soll angenommen werden, daß das Ereignis M_i von der Quelle gesendet wurde. Wenn aus der Ungleichung (42.11) eine Gleichung wird, ist es gleichgültig, ob sich der Empfänger für die Hypothese H_i oder H_j entscheidet. Die Fehlerwahrscheinlichkeit P(F) wird dadurch nicht beeinflußt. Diese Tatsache kann man zur Festlegung der Grenzen der Entscheidungsräume $\underline{R}_i$ benutzen.

Für die Vektoren $\underline{r}$, die auf den Grenzen der Räume $\underline{R}_i$ enden, muß

$$\sum_{k=1}^{N} (r_k - s_{ik})^2 = \sum_{k=1}^{N} (r_k - s_{jk})^2 + 2\sigma^2 \cdot \ln \frac{P_i}{P_j}$$

$$j = 1 \dots M, \; j \neq i \tag{42.13}$$

bzw. bei gleichen A-priori-Wahrscheinlichkeiten

$$\sum_{k=1}^{N} (r_k - s_{ik})^2 = \sum_{k=1}^{N} (r_k - s_{jk})^2 \qquad j = 1 \dots M, \; j \neq i \tag{42.14}$$

gelten. Bei (42.14) sind die Grenzen der Entscheidungsräume von jeweils zwei Signalvektoren gleich weit entfernt. Für die Dimension N=2 sind sie gleich den Mittelsenkrechten der Verbindungsstrecken dieser Signale, wie das Beispiel in Bild 4.10 zeigt.

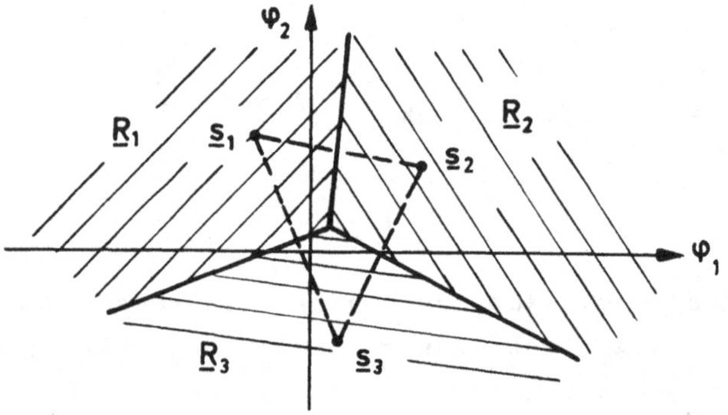

Bild 4.10 Entscheidungsräume $\underline{R}_i$ bei gleichen A-priori-Wahrscheinlichkeiten

Hier schneiden sich die drei Mittelsenkrechten in einem Punkt und teilen so den Beobachtungsraum $\underline{R}$ in drei Teilräume $\underline{R}_i$ auf, die die Signalvektoren $\underline{s}_i$ enthalten. Bei mehrdimensionalen Räumen sind die Verhältnisse ganz entsprechend. Bei ungleichen A-priori-Wahrscheinlichkeiten verschieben sich die Grenzen. Aus (42.13) folgt, daß sich, bezogen auf den Fall gleicher A-priori-Wahrscheinlichkeiten, bei festem σ^2 die Entscheidungsräume der Signale mit größeren A-priori-Wahrscheinlichkeiten vergrößern. Dasselbe gilt, wenn man die Varianz σ^2 vergrößert. Im eindimensionalen Fall erhält man aus (42.13) als Grenze $r=\gamma$ zwischen zwei Entscheidungsräumen

$$(\gamma-s_1)^2 = (\gamma-s_2)^2 + 2\sigma^2 \ln \frac{P_1}{P_2} \tag{42.15}$$

und nach einiger Umformung

$$\gamma = \frac{s_1+s_2}{2} + \frac{\sigma^2}{s_2-s_1} \ln \frac{P_1}{P_2} \quad . \tag{42.16}$$

Bild 4.11 zeigt dazu eine graphische Darstellung.

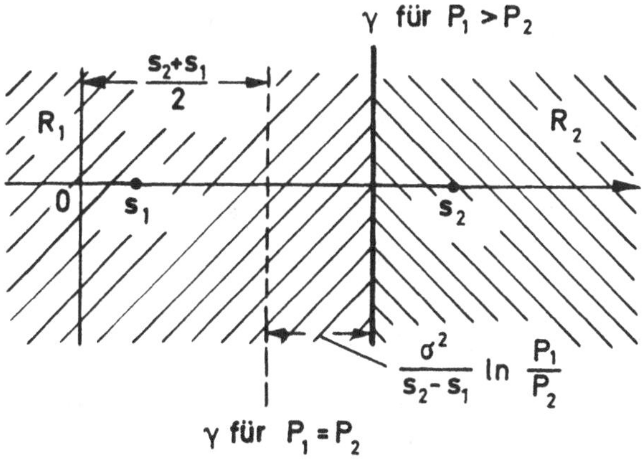

Bild 4.11 Entscheidungsräume $\underline{R}_i$, verschiedene A-priori-Wahrscheinlichkeiten der zwei Ereignisse

4.2.3 Wahl der Signalvektoren

Beim MAP-Prinzip wird die Fehlerwahrscheinlichkeit P(F) zum Minimum gemacht. Weil (42.5) bzw. (42.6) nicht von den orthonormalen Basisfunktionen $\varphi_j(t)$ abhängen, ist das Minimum von P(F) auch unabhängig von der Wahl der Funktionen $\varphi_j(t)$. Ebenso ändert sich nichts an P(F), wenn man die Entscheidungsräume $\underline{R}_i$ und die zugehörige Dichtefunktionen einer Translation oder Rotation oder beiden Transformationen unterwirft (siehe Bild 4.12). Dies wird daran deutlich, daß die Beziehung (42.5) nicht vom Koordinatenursprung abhängt. Das Minimum von P(F) hängt also nur von den relativen Abständen der Signalvektoren untereinander ab.

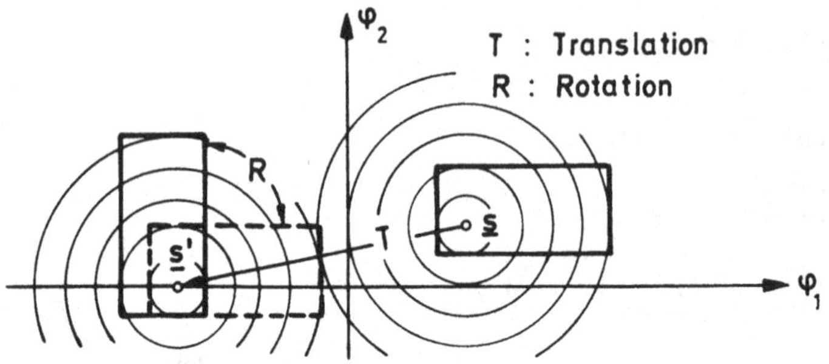

Bild 4.12 Translation und Rotation im Raum $\underline{R}$ (konzentrische Kreise: Höhenlinien der Dichten)

Bei der Wahl der Signalvektoren kann man über diesen Freiheitsgrad verfügen. Nach (32.14) hängt die Signalenergie vom Abstand des Vektors vom Ursprung bzw. dessen Länge ab. Nimmt man an, daß die Signalenergie von jedem Signal beschränkt ist, so müßten die Signalvektoren innerhalb eines Kreises liegen, dessen Radius gleich der Wurzel aus der maximalen Signalenergie ist.

Bei der fest vorgegebenen Fehlerwahrscheinlichkeit P(F) eines Satzes von M Signalvektoren $\underline{s}_i$ kann man danach fragen, durch welche Transformation man die minimale mittlere Signalenergie

$$\bar{E}_s = \sum_{i=1}^{M} P_i \, E'_{si} = \sum_{i=1}^{M} P_i \sum_{j=1}^{N} s'_{ij}{}^2 \qquad (42.17)$$

erhält. Die dazu erforderliche Transformation der Signalvektoren kann man durch den Vektor $\underline{a}$ mit

$$\underline{s}'_i = \underline{s}_i - \underline{a} \qquad i = 1 \ldots M \qquad (42.18)$$

beschreiben. Die Berechnung von $\underline{a}$ ist identisch mit der Bestimmung des Massenschwerpunktes von M Massenpunkten der Gewichte P_i und der Ortskoordinaten $\underline{s}_i$. Statt des Punktes minimaler mittlerer Energie wird hier der Punkt minimalen Trägheitsmoments gesucht. Dieser Punkt stellt nach der Transformation den neuen Koordinatenursprung dar. Für den transformierenden Vektor $\underline{a}$ gilt deshalb:

$$\underline{a} = \sum_{i=1}^{M} P_i \, \underline{s}_i = E(\underline{s}) \quad . \tag{42.19}$$

Die mittlere Signalenergie nach (42.17) wird damit

$$\overline{E}_s = \sum_{i=1}^{M} P_i \sum_{j=1}^{N} (s_{ij}-a_j)^2 = \sum_{i=1}^{M} P_i \, |\underline{s}_i-\underline{a}|^2 \quad , \tag{42.20}$$

wobei $|\underline{s}_i-\underline{a}|$ die Norm des Vektors $\underline{s}_i-\underline{a}$ bzw. den Abstand der Vektoren $\underline{s}_i$ und $\underline{a}$ voneinander beschreibt.

Daß $\underline{a}$ nach (42.19) tatsächlich die minimale mittlere Signalenergie liefert, zeigt man so: Man nimmt an, daß die Transformation mit dem Vektor $\underline{b}$ statt des Vektors $\underline{a}$ die mittlere Signalenergie $\overline{E}_s$ zum Minimum macht. Dann gilt aber:

$$\begin{aligned} \overline{E}_s &= \sum_{i=1}^{M} P_i \, |\underline{s}_i-\underline{b}|^2 = \sum_{i=1}^{M} P_i \, |(\underline{s}_i-\underline{a}) + (\underline{a}-\underline{b})|^2 \\ &= \sum_{i=1}^{M} P_i \, |\underline{s}_i-\underline{a}|^2 + 2(\underline{a}-\underline{b})\cdot[\sum_{i=1}^{M} P_i\cdot\underline{s}_i-\underline{a}] + |\underline{a}-\underline{b}|^2 \\ &= \sum_{i=1}^{M} P_i \, |\underline{s}_i-\underline{a}|^2 + |\underline{a}-\underline{b}|^2 \quad , \end{aligned} \tag{42.21}$$

weil nach (42.19) der Term in der eckigen Klammer verschwindet. Damit wird $\overline{E}_s$ nach (42.21) für $\underline{b}=\underline{a}$ zum Minimum, d.h. nicht $\underline{b}$, sondern $\underline{a}$ nach (42.19) liefert die minimale mittlere Signalenergie.

Es sollen nun bestimmte Konfigurationen von Signalvektoren hinsichtlich der erzielbaren Fehlerwahrscheinlichkeit und deren Abhängigkeit von der Signalenergie bzw. dem Signal-zu-Rausch-Verhältnis untersucht werden. Zusätzlich zu den Annahmen in Abschnitt 4.2.2 soll dabei angenommen werden, daß die A-priori-

Wahrscheinlichkeiten der M möglichen Ereignisse konstant $P_i=1/M$ sind.

4.2.3.1 Signalvektorkonfiguration mit rechtwinkligen Entscheidungsräumen

a) Für M=2 Signalvektoren erhält man das einfachste hier mögliche Beispiel. Die Fehlerwahrscheinlichkeit P(F) hängt bei gegebenen Störungen nur vom Abstand d der Signalvektoren voneinander ab.

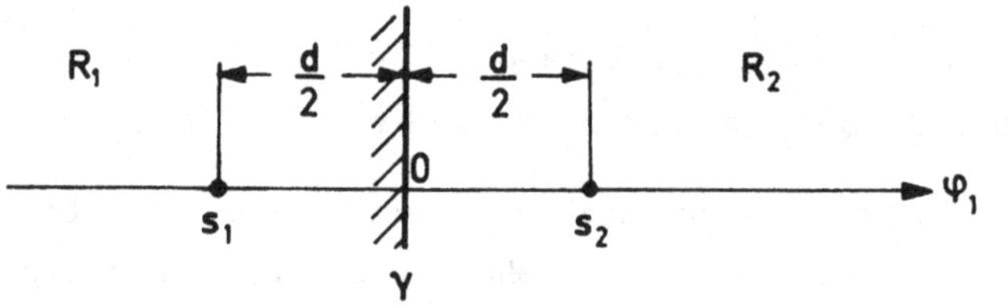

Bild 4.13 Entscheidungsräume für zwei Signalvektoren

Damit die mittlere Signalenergie zum Minimum wird, ist der Abstand beider Signalvektoren vom Ursprung gleich $s_2=-s_1=d/2$ (siehe Bild 4.13). Hier wurde die Lage der Vektoren so gewählt, daß sie auf der Abszissenachse φ_1 liegen. Wegen der Invarianz von P(F) bezüglich Translation und Rotation ist dies ohne Einschränkung der Allgemeinheit möglich. Für die Signalenergie gilt nach (32.14):

$$E_s = s_1^2 = s_2^2 = \frac{d^2}{4} \quad . \qquad (42.22)$$

Für die Grenze zwischen den Entscheidungsräumen bzw. für die Schwelle γ gilt mit $P_1=P_2=\frac{1}{2}$ nach (42.16):

$$\gamma = \frac{s_2+s_1}{2} = 0 \quad . \qquad (42.23)$$

Nun soll nach (42.5) bzw. (42.6) die Fehlerwahrscheinlichkeit

P(F) berechnet werden. Nimmt man an, daß das Ereignis M_1 von der Quelle stammt, dann wird der Empfangsvektor $\underline{r}=\underline{s}_1+\underline{n}$, der hier eindimensional ist, solange im Raum $\underline{R}_1$ liegen, wie

$$\underline{n} = n < \frac{d}{2} \tag{42.24}$$

gilt. Dann gilt aber $\underline{r}=r<0$ und der Empfänger wird sich für die richtige Hypothese H_1 entscheiden. Aus (42.4) folgt dann mit (42.8) und (42.9) für $P(C|M_1)$, d.h. die Wahrscheinlichkeit, mit der richtige Entscheidungen für H_1 fallen:

$$P(C|M_1) = \int_{-\infty}^{0} \frac{1}{(2\pi)^{\frac{1}{2}}\sigma} \exp(-\frac{(r+d/2)^2}{2\sigma^2})\, dr$$

$$= \int_{-\infty}^{d/2} \frac{1}{(2\pi)^{\frac{1}{2}}\sigma} \exp(-\frac{n^2}{2\sigma^2})\, dn$$

$$= 1 - Q(\frac{d}{2\sigma}) = P\{-\infty<n\le\frac{d}{2}\} \quad , \tag{42.25}$$

wobei die Q-Funktion nach (21.6) verwendet wurde. Wegen der Symmetrieeigenschaften in Bild 4.13 erhält man dasselbe Ergebnis für das Ereignis M_2. Damit folgt für P(F) nach (42.5) und (42.6)

$$P(F) = 1 - \frac{1}{2} \cdot \sum_{i=1}^{2} P(C|M_i)$$

$$= 1 - 1 + Q(\frac{d}{2\sigma}) = Q(\frac{d}{2\sigma}) \quad . \tag{42.26}$$

Im Argument der Q-Funktion läßt sich d durch die Signalenergie nach (42.22) und σ durch die Rauschleistungsdichte N_w nach (31.11) ausdrücken:

$$P(F) = Q(\frac{2(E_s)^{\frac{1}{2}}}{2(N_w)^{\frac{1}{2}}}) = Q((\frac{E_s}{N_w})^{\frac{1}{2}}) \quad . \tag{42.27}$$

Das Verhältnis von Signalenergie zu Rauschleistungsdichte stellt aber eine mögliche Definition des Signal-zu-Rausch-Verhältnisses dar. An (42.27) wird deutlich, wie P(F) von diesem Verhältnis abhängt.

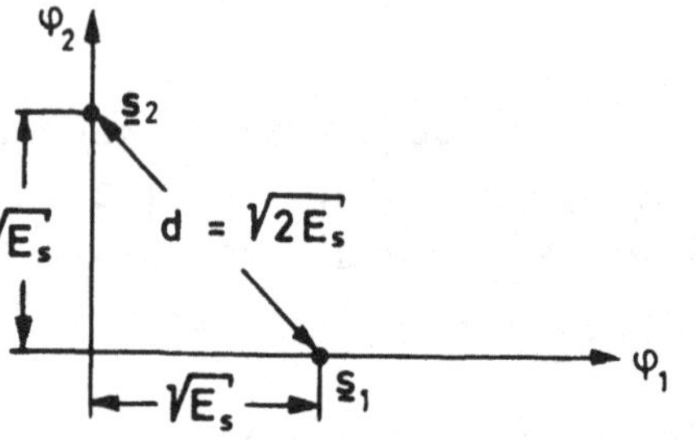

Bild 4.14 Alternative Konfiguration zu Bild 4.13

b) Wählt man statt der Konfiguration nach Bild 4.13 diejenige von Bild 4.14, so gilt:

$$P(F) = Q\left(\frac{(2E_s)^{\frac{1}{2}}}{2(N_W)^{\frac{1}{2}}}\right) = Q\left(\left(\frac{E_s}{2N_W}\right)^{\frac{1}{2}}\right) \quad , \tag{42.28}$$

d.h. man benötigt bei dieser Konfiguration die doppelte Signalenergie, um bei gegebenem Rauschen den Wert von P(F) nach (42.27) zu erhalten.

c) Für mehr als M=2 Signalvektoren im zweidimensionalen Raum mit rechtwinkligen Entscheidungsräumen $\underline{R}_i$ kann man u.a. die in Bild 4.15 gezeigte regelmäßige Struktur verwenden, die z.B. bei der Datenübertragung eine wichtige Rolle spielt. Um die Unabhängigkeit von P(F) bezüglich der Lage der $\underline{R}_i$ gegenüber dem Ursprung des Koordinatensystems zu unterstreichen, wurde eine willkürliche Lage gewählt.

Betrachtet man zunächst das Ereignis M_1, so müssen im Koordinatensystem φ_1, φ_2 für die Störkomponenten n_1 und n_2 Bedingungen entsprechend (42.24) erfüllt sein, um richtige Entscheidungen zu erhalten. Die Wahrscheinlichkeit dafür ist nach (42.25):

$$P(C|M_1) = P\{-\infty<n_1\le\frac{d}{2},\ -\frac{d}{2}\le n_2<\infty\}$$

$$= P\{-\infty<n_1\le\frac{d}{2}\}\cdot P\{-\frac{d}{2}\le n_2<\infty\}$$

$$= (1 - Q(\frac{d}{2\sigma}))^2 \quad , \qquad (42.29)$$

weil voraussetzungsgemäß die den Komponenten n_1 und n_2 entsprechenden Zufallsvariablen statistisch unabhängig voneinander sind.

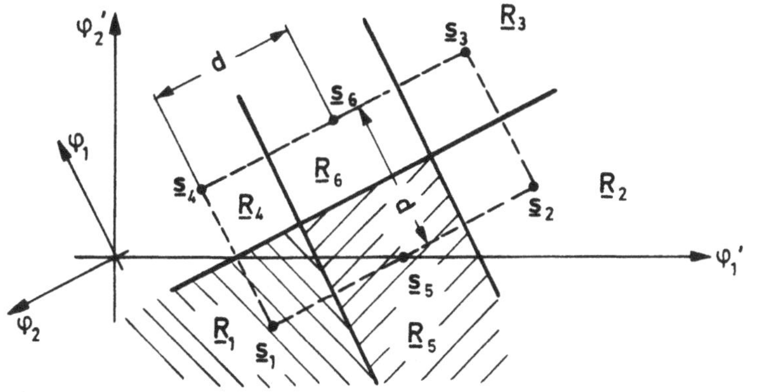

Bild 4.15 Rechtwinklige Entscheidungsräume

Wegen der Symmetrieeigenschaften in Bild 4.15 gilt weiter

$$P(C|M_1) = P(C|M_i) \qquad i = 2, 3, 4 \quad . \qquad (42.30)$$

Betrachtet man nun das Ereignis M_5 und den zugehörigen Signalvektor in Bild 4.15, so folgt, daß eine richtige Entscheidung fällt, wenn für die eine Störkomponente die Bedingung (42.24) und für die andere die Bedingung

$$-\frac{d}{2} < n_2 < \frac{d}{2} \qquad (42.31)$$

erfüllt wird. Die Wahrscheinlichkeit dafür ist aber

$$P(C|M_5) = P\{-\infty<n_1\le\frac{d}{2}\}\cdot P\{-\frac{d}{2}\le n_2\le\frac{d}{2}\}$$

$$= (1-Q(\frac{d}{2\sigma}))\int_{-d/2}^{+d/2}\frac{1}{(2\pi)^{\frac{1}{2}}\sigma}\exp(-\frac{n^2}{2\sigma^2})\,dn$$

$$= (1-Q(\frac{d}{2\sigma}))\cdot(1-2Q(\frac{d}{2\sigma})) \quad . \qquad (42.32)$$

Dies Ergebnis gilt auch für das Ereignis M_6. Für die Fehlerwahrscheinlichkeit P(F) folgt insgesamt mit den A-priori-Wahrscheinlichkeiten $P_i=1/6$

$$P(F) = 1-\frac{4}{6}(1-Q(\frac{d}{2\sigma}))^2-\frac{2}{6}(1-Q(\frac{d}{2\sigma}))\cdot(1-2Q(\frac{d}{2\sigma}))$$

$$= \frac{1}{3}(7\cdot Q(\frac{d}{2\sigma}) - 4\cdot Q^2(\frac{d}{2\sigma})) \quad . \qquad (42.33)$$

d) Im N-dimensionalen Beobachtungsraum $\underline{R}$ erhält man rechtwinklige Entscheidungsräume, wenn man $M=2^N$ Signalvektoren an den Eckpunkten eines N-dimensionalen Hyperwürfels enden läßt. Minimale Signalenergie erreicht man, wenn der Würfel symmetrisch zum Koordinatenursprung liegt. Bild 4.16 zeigt als Beispiel den zweidimensionalen Fall.

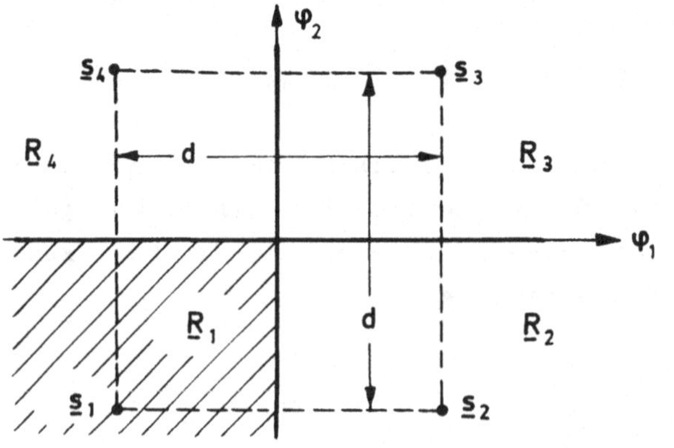

Bild 4.16 Ecken eines N-dimensionalen Hyperwürfels für N=2

Wenn der Signalvektor $\underline{s}_i$ mit den Komponenten $s_{ij}=-d/2$ im gestörten Empfangsvektor enthalten ist, wird für die richtige Hypothese H_i entschieden, solange für alle N Störkomponenten n_j die Bedingung (42.24) eingehalten wird. Aus der statistischen Unabhängigkeit der von den n_j repräsentierten Zufallsvariablen folgt mit (42.25):

$$P(C|M_i) = P\{-\infty<n_j\le\frac{d}{2},\ j=1\ldots N\}$$

$$= (1-Q(\frac{d}{2\sigma}))^N \qquad (42.34)$$

für alle Ereignisse M_i, i=1...M. Mit der Signalenergie

$$E_s = \sum_{j=1}^{N} \frac{d^2}{4} = N\cdot\frac{d^2}{4} \qquad (42.35)$$

und der Rauschleistungsdichte $N_w=\sigma^2$ folgt für P(F):

$$P(F) = 1 - \frac{1}{M}\sum_{i=1}^{M} P(C|M_i) = 1 - P(C|M_i)$$

$$= 1 - (1-Q(\frac{d}{2\sigma}))^N = 1 - (1-Q((\frac{E_s}{N\cdot N_w})^{\frac{1}{2}}))^N \quad . \qquad (42.36)$$

4.2.3.2 Orthogonale und damit verwandte Signalvektorkonfigurationen

a) Wählt man in einem N-dimensionalen Raum $\underline{R}$ die Signalvektoren in Form von orthogonalen Vektoren auf den Koordinatenachsen im Abstand $(E_s)^{\frac{1}{2}}$ vom Ursprung, so kann man M=N Signale darstellen, deren Entscheidungsräume nun nicht mehr rechtwinklig sind. Für die Komponenten der Vektoren gilt:

$$s_{ij} = (E_s)^{\frac{1}{2}}\ \delta_{ij} \quad . \qquad (42.37)$$

Nach (42.14) werden die Entscheidungsräume $\underline{R}_i$ mit $P_i=1/M$ durch die Bedingung

$$\sum_{k=1}^{N} (r_k-s_{ik})^2 = \sum_{k=1}^{N} (r_k-s_{jk})^2 \qquad j = 1 \ldots M$$

$$r_i = r_j \qquad j = 1 \ldots M \tag{42.38}$$

festgelegt. Liegt das Ereignis M_1 vor, und nimmt die Komponente r_1 den Wert æ an, wird eine korrekte Entscheidung gefällt, solange für die übrigen Komponenten, die reine Störkomponenten sind,

$$r_j = n_j < æ \qquad j = 2 \ldots M \tag{42.39}$$

gilt. Wegen der statistischen Unabhängigkeit der durch n_j repräsentierten Komponenten läßt sich die Wahrscheinlichkeit hierfür mit

$$P(C|M_1,r_1=æ) = P\{n_2<æ,\ n_3<æ,\ \ldots\ ,\ n_M<æ\}$$

$$= (P\{n<æ\})^{M-1} \tag{42.40}$$

angeben. Die Dichte von r_1 nach (42.8) und (42.37) liefert

$$P(C|M_1) = \int_{-\infty}^{+\infty} f_{r_1}(æ|M_1)\ P(C|M_1,r_1=æ)\ dæ$$

$$= \int_{-\infty}^{+\infty} f_n(æ-(E_s)^{\frac{1}{2}})\cdot\left(\int_{-\infty}^{æ} f_n(n)\ dn\right)^{M-1} dæ$$

$$= \int_{-\infty}^{+\infty} f_n(æ-(E_s)^{\frac{1}{2}})\cdot\left(1-Q\left(\frac{æ}{\sigma}\right)\right)^{M-1} dæ \quad . \tag{42.41}$$

Mit $\sigma^2=N_w$ und $P(C|M_1)=P(C|M_i)$ wegen der Symmetrie gilt weiter:

$$P(F) = 1 - \int_{-\infty}^{+\infty} \frac{1}{(2\pi\cdot N_w)^{\frac{1}{2}}} \exp\left(-\frac{(æ-(E_s)^{\frac{1}{2}})^2}{2N_w}\right)\cdot\left(1-Q\left(\frac{æ}{(N_w)^{\frac{1}{2}}}\right)\right)^{M-1} dæ \tag{42.42}$$

Dieses Integral läßt sich nicht weiter vereinfachen, steht jedoch tabelliert zur Verfügung [27].

b) Die Wahl der orthogonalen Signalvektoren führt sicher nicht zu einem Minimum der mittleren Signalenergie.

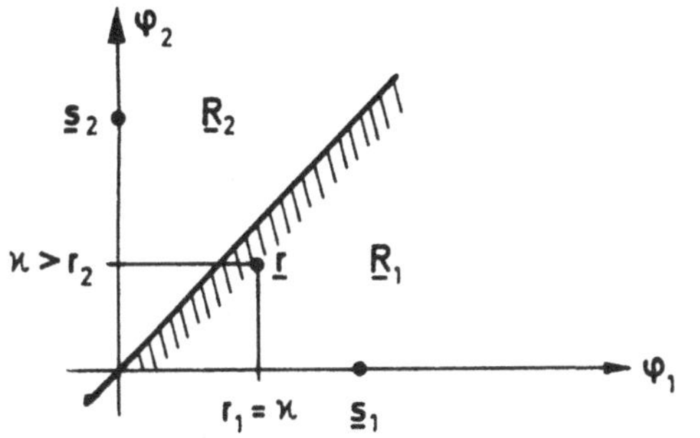

Bild 4.17 Orthogonale Signalvektoren

Durch Transformation mit dem Vektor $\underline{a}$ nach (42.19) kann man jedoch die minimale mittlere Signalenergie erreichen. Für $P_i = 1/M$ gilt:

$$\underline{a} = \frac{1}{M} \sum_{i=1}^{M} \underline{s}_i \quad . \tag{42.43}$$

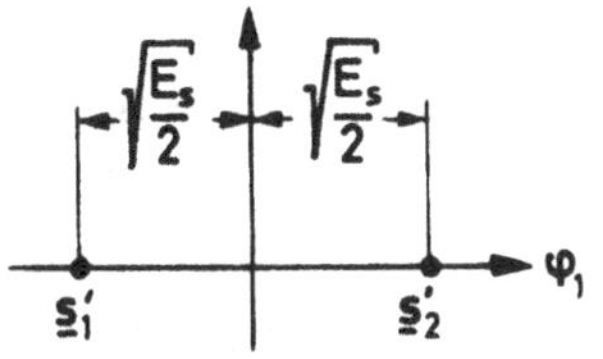

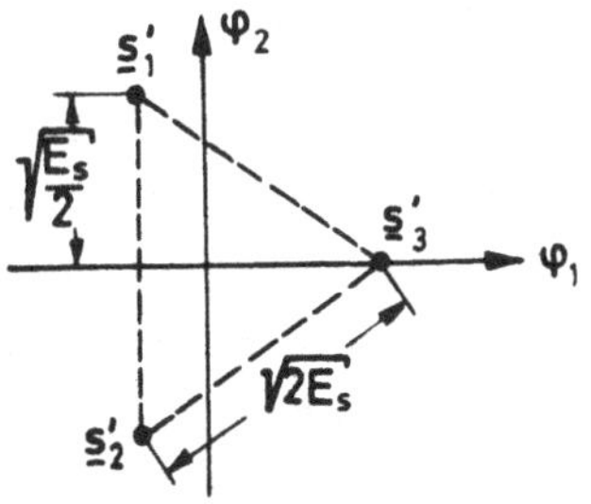

Bild 4.18 Simplex-Signale (E_s: Energie orthogonaler Signale)

Die transformierte Konfiguration der Signalvektoren bezeichnet man als Simplex. Für M=2 und M=3 zeigt Bild 4.18 dazu eine graphische Darstellung. Die Transformation nach (42.43) liefert den neuen Koordinatenursprung, und durch geeignete Rotation gelangt man zu der angegebenen Signaldarstellung.

Für M=4 zeigen die Signalvektoren zu den Ecken eines zum Ursprung symmetrischen Tetraeders. Die M Signalvektoren $\underline{s}_i$ lassen sich also in einem (M-1)-dimensionalen Raum darstellen. Wie bei den orthogonalen Signalen ist die Energie jeden Signals gleich. Wegen der Transformation mit $\underline{a}$ nach (42.43) ist diese jedoch reduziert und beträgt:

$$E_s' = \sum_{i=1}^{N} s_{ij}'^2 = \sum_{i=1}^{N} (s_{ij}-a_j)^2$$

$$= \sum_{j=1}^{M} (s_{ij}^2 - 2s_{ij}\cdot a_j + a_j^2) = E_s\cdot(1-\frac{1}{M}) \quad , \qquad (42.44)$$

d.h. die Energie eines der Simplex-Signale unterscheidet sich von der der orthogonalen Signale um den Faktor (1-1/M). Für M=2 bedeutet dies, daß nur die halbe Signalenergie für dieselbe Fehlerwahrscheinlichkeit erforderlich ist (siehe auch Abschnitt 4.2.3.1). Für große Werte von M ist der Unterschied dagegen zu vernachlässigen.

Weil sich die Fehlerwahrscheinlichkeit P(F) durch die Transformation nicht geändert hat, ist P(F) durch (42.42) gegeben, wenn man für E_s die den orthogonalen Signalen entsprechende Energie $E_s=E_s'/(1-1/M)$ einsetzt.

c) Ausgehend von den orthogonalen Signalen kann man eine Konfiguration von biorthogonalen Signalen finden, bei der alle Signale dieselbe Energie besitzen, indem man zu den orthogonalen die bezüglich des Koordinatenursprungs symmetrischen Signalvektoren hinzufügt (siehe Bild 4.19). Hier kann man im N-dimensionalen Raum M=2N Signalvektoren darstellen. Die Grenzen der Entscheidungsräume sind wie bei den orthogonalen Vektoren durch (42.38) gegeben.

Wenn der Signalvektor $\underline{s}_1$ im gestörten Empfangsvektor $\underline{r}$ enthalten ist, dessen Komponente $r_1=æ$ sei, dann sind alle übrigen Komponenten r_j für j=2...N Störkomponenten. Dann trifft der Empfänger eine richtige Entscheidung, wenn

$$|r_j| = |n_j| < \text{æ} \quad j = 2 \ldots N \tag{42.45}$$

gilt. Gegenüber (42.39) erscheinen hier die Betragsstriche, da im Falle $n_j=-\text{æ}$ der Empfangsvektor $\underline{r}$ in den Entscheidungsraum $\underline{R}_{-j}$ fällt, obwohl $\underline{s}_1$ in $\underline{r}$ nach Vorraussetzung enthalten ist. Die

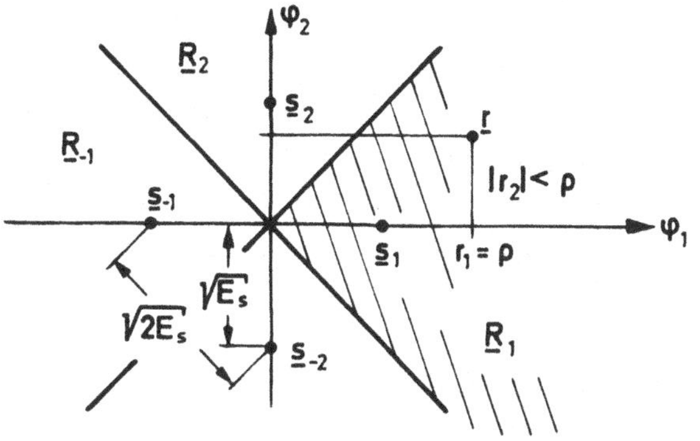

Bild 4.19 Biorthogonale Signale

Erfüllung der Bedingung (42.45) tritt mit der Wahrscheinlichkeit

$$P(C|M_1,r_1=\text{æ}) = P\{|n_j|<\text{æ},\ j=2\ldots N\}$$

$$= \prod_{j=2}^{N} P\{|n_j|<\text{æ}\} = (P\{|n|<\text{æ}\})^{N-1} \tag{42.46}$$

entsprechend (42.40) ein. Wie bei den orthogonalen Signalen erhält man nach (42.41) weiter

$$P(C|M_1) = \int_{-\infty}^{+\infty} f_{r_1}(\text{æ}|M_1)\ P(C|M_1,r_1=\text{æ})\ d\text{æ}$$

$$= \int_{-\infty}^{+\infty} f_n(\text{æ}-(E_s)^{\frac{1}{2}})\cdot\left(\int_{-\text{æ}}^{+\text{æ}} f_n(n)\ dn\right)^{N-1} d\text{æ}$$

$$= \int_{-\infty}^{+\infty} f_n(\text{æ}-(E_s)^{\frac{1}{2}})\cdot(1-2Q(\frac{\text{æ}}{\sigma}))^{N-1}\ d\text{æ} \quad . \tag{42.47}$$

Schließlich gilt für P(F):

Tab. 4.2 Wahl der Signalvektoren

Signalvektorkonfiguration

Beobachtungsraum:	N-dimensional
Störprozeß:	weißes Gaußsches Rauschen Leistungsdichte N_w
Signale:	gleiche Signalenergie E_s, gleiche A-priori-Wahrscheinlichkeit $P_i = 1/M$
Fehlerwahrscheinlichkeit:	P(F)
Anzahl der Signale:	M

1. **Signale im N-dimensionalen Würfel**

$$P(F) = 1 - \left(1 - Q\left(\left(\frac{E_s}{N \cdot N_w}\right)^{\frac{1}{2}}\right)\right)^N$$

$$M = 2^N$$

2. **Orthogonale Signale**

$$P(F) = 1 - \int_{-\infty}^{+\infty} \frac{1}{(2\pi \cdot N_w)^{\frac{1}{2}}} \exp\left(-\frac{(æ - (E_s)^{\frac{1}{2}})^2}{2N_w}\right)\left(1 - Q\left(\frac{æ}{(N_w)^{\frac{1}{2}}}\right)\right)^{N-1} dæ$$

$$M = N$$

3. **Simplex-Signale**

$$P(F) = 1 - \int_{-\infty}^{+\infty} \frac{1}{(2\pi \cdot N_w)^{\frac{1}{2}}} \exp\left(-\frac{\left(æ - \left(\frac{E_s M}{M-1}\right)^{\frac{1}{2}}\right)^2}{2N_w}\right)\left(1 - Q\left(\frac{æ}{(N_w)^{\frac{1}{2}}}\right)\right)^{M-1} dæ$$

$$M = N + 1$$

4. **Biorthogonale Signale**

$$P(F) = 1 - \int_{-\infty}^{+\infty} \frac{1}{(2\pi \cdot N_w)^{\frac{1}{2}}} \exp\left(-\frac{(æ - (E_s)^{\frac{1}{2}})^2}{2N_w}\right)\left(1 - 2Q\left(\frac{æ}{(N_w)^{\frac{1}{2}}}\right)\right)^{N-1} dæ$$

$$M = 2N$$

$$P(F) = 1 - \int_{-\infty}^{+\infty} \frac{1}{(2\pi N_w)^{\frac{1}{2}}} \exp(- \frac{(\ae-(E_s)^{\frac{1}{2}})^2}{2N_w})(1-2Q(\frac{\ae}{(N_w)^{\frac{1}{2}}}))^{N-1} \, d\ae \qquad (42.48)$$

Für große Signal-zu-Rauschverhältnisse und große Werte von M unterscheiden sich die Fehlerwahrscheinlichkeiten bei orthogonalen und biorthogonalen Signalen kaum. Es bleibt der Vorteil der biorthogonalen Signale, im N-dimensionalen Raum M=2N Signale darstellen zu können.

4.2.4 Abschätzung der Fehlerwahrscheinlichkeit

Für M Signale mit Gaußschen Störungen gibt es eine Reihe von einfachen Abschätzformeln für die Fehlerwahrscheinlichkeit nach oben. Diese Abschätzung wird immer dann von besonderem Interesse sein, wenn die Entscheidungsräume sehr komplizierte geometriesche Formen haben, so daß die exakte Berechnung der Fehlerwahrscheinlichkeit nur mit numerischen Methoden möglich ist.

Das erste, hier betrachtete Abschätzverfahren benutzt die Vereinigungsmenge aller einzelnen, voneinander abhängigen Fehlerfälle, um eine obere Schranke der Fehlerwahrscheinlichkeit zu ermitteln. Im Englischen wird diese Schranke mit **Union Bound** bezeichnet. Nach den Überlegungen in Abschnitt 4.2.2 fällt die Entscheidung stets für das Signal mit dem Vektor $\underline{s}_i$ aus, dessen Endpunkt dem Endpunkt des gestörten Empfangsvektors $\underline{r}$ am nächsten liegt. Ein Fehler entsteht immer dann, wenn der Vektor $\underline{s}_i$ in $\underline{r}$ enthalten ist, $\underline{r}$ aber durch Einfluß der Störungen näher am Vektor $\underline{s}_j$, $j \neq i$ liegt. Dieses Ereignis soll mit F_{ij} bezeichnet werden. Die Vereinigungsmenge

$$\bigcup_{\substack{j=1 \\ j \neq i}}^{M} F_{ij} = F_{i,1} \cup F_{i,2} \cup \dots \cup F_{i,i-1} \cup F_{i,i+1} \cup \dots \cup F_{i,M} \qquad (42.49)$$

gibt dann das Ereignis an, daß eine Fehlentscheidung zugunsten irgendeines M_j, $j=1...M$, $j \neq i$ fällt, wenn das Ereignis M_i von der

Quelle gesendet wurde. Für die Wahrscheinlichkeit

$$P(F|M_i) = P(\bigcup_{\substack{j=1\\j\neq i}}^{M} F_{ij}) \tag{42.50}$$

kann man die obere Grenze

$$P(\bigcup_{\substack{j=1\\j\neq i}}^{M} F_{ij}) \leq \sum_{\substack{j=1\\j\neq i}}^{M} P(F_{ij}) \tag{42.51}$$

angeben, weil sich die Ereignisse F_{ij} nicht gegenseitig ausschließen. Denn der Empfangsvektor $\underline{r}$ kann den Vektoren $\underline{s}_k$ und $\underline{s}_l$ näher als dem in $\underline{r}$ enthaltenen Vektor $\underline{s}_i$ liegen, d.h. es wären die Ereignisse F_{ik} und F_{il} gleichzeitig eingetroffen. Die Summe der Wahrscheinlichkeiten all dieser zu Fehlern führenden Ereignisse ist deshalb größer als die Wahrscheinlichkeit, mit der bei Vorliegen des Ereignisses M_i Fehlentscheidungen getroffen werden.

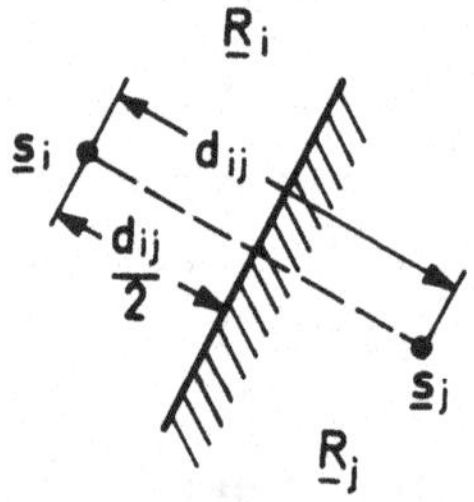

F_{ij} : Ereignis, daß $\underline{s}_i$ in $\underline{r}$ enthalten ist und $\underline{r}$ in den Raum $\underline{R}_j$ fällt

Bild 4.20 Zur Erklärung des Ereignisses F_{ij}

Die Wahrscheinlichkeit $P(F_{ij})$ hängt nur von den Vektoren $\underline{s}_i$ und $\underline{s}_j$ ab. Das Ereignis F_{ij} tritt nämlich dann ein, wenn die Komponente des Störvektors $\underline{n}$ in Richtung der Verbindungslinie von $\underline{s}_i$ zu $\underline{s}_j$ größer als der halbe Abstand d_{ij} zwischen $\underline{s}_i$ und $\underline{s}_j$ ist (siehe Bild 4.20). Die Wahrscheinlichkeit, mit der die Gaußsche Störkomponente n den Wert $d_{ij}/2$ überschreitet, beträgt:

$$P(F_{ij}) = \int_{\frac{d_{ij}}{2}}^{+\infty} \frac{1}{(2\pi)^{\frac{1}{2}}\sigma} \exp(-\frac{n^2}{2\sigma^2})\, dn$$

$$= Q(\frac{d_{ij}}{2\sigma}) \quad . \qquad (42.52)$$

Wenn alle Signalvektoren untereinander den Abstand d haben, gilt für die Abschätzung von P(F) bei gleicher Wahrscheinlichkeit aller Ereignisse M_i die besonders einfache Beziehung:

$$P(F) = \sum_{i=1}^{M} P(F|M_i)\cdot P_i = P(F|M_i)$$

$$\leq \sum_{\substack{j=1\\ j\neq i}}^{M} P(F_{ij}) = (M-1)\cdot P(F_{ij})$$

$$= (M-1)\cdot Q(\frac{d}{2\sigma}) \quad . \qquad (42.53)$$

Damit ist eine Abschätzformal für die Fehlerwahrscheinlichkeit gefunden, die hier für den Sonderfall M gleichwahrscheinlicher, durch Gaußsches weißes Rauschen der Leistungsdichte $\sigma^2 = N_w$ gestörter Signale angegeben wurde. Die Schranke stellt ein gutes Hilfsmittel zur Abschätzung der meist schwer zu berechnenden exakten Werte von P(F) dar. Bei festem M wird diese Abschätzung der Fehlerwahrscheinlichkeit mit zunehmendem Signal-zu-Rausch-Verhältnis genauer.

Das zweite Abschätzverfahren ersetzt die wahren Entscheidungsgebiete durch kreisförmige Flächen, was eine sehr einfache Berechnung der bedingten Wahrscheinlichkeiten $P(C|M_i)$ für korrekte Entscheidungen nach (42.5) zur Folge hat. Im Englischen wird die dabei gewonnene obere Schranke als Spherical Bound bezeichnet. Zur Abschätzung von (42.5) schreibt man:

$$P(F) = 1 - \sum_{i=1}^{M} P_i\cdot P(C|M_i)$$

$$\leq 1 - \sum_{i=1}^{M} P_i\cdot P\{n\in K_i|M_i\} \quad , \qquad (42.54)$$

wobei die Wahrscheinlichkeit $P\{n\in K_i|M_i)$ den Fall beschreibt, daß sich der Störvektor $\mathbf{n}$ innerhalb des Kreises K_i befindet, wenn das Ereignis M_i von der Quelle gesendet wurde. Für drei Ereignisse M_i zeigt Bild 4.21 die den optimalen Entscheidungsgebieten einbeschriebenen Kreisflächen K_i, die zu einer Abschätzung der Fehlerwahrscheinlichkeit nach oben führen.

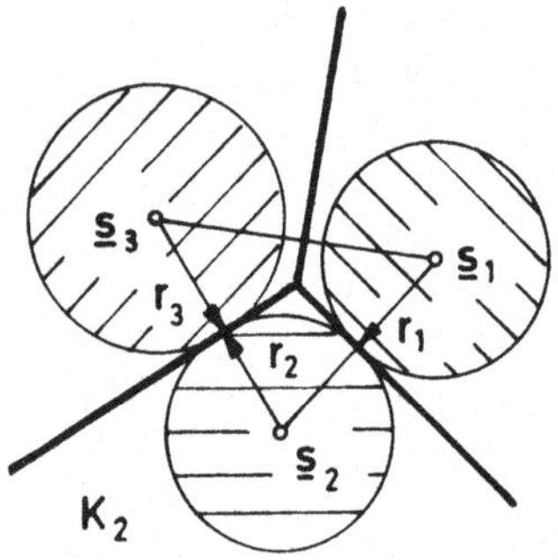

Bild 4.21 Zur Abschätzung der Fehlerwahrscheinlichkeit durch Einbeschreiben von Kreisflächen (Spherical Bound)

Wegen der statistischen Unabhängigkeit von Ereignis und Störung gilt weiter bei zweidimensionalen Entscheidungsräumen:

$$\begin{aligned} P\{\mathbf{n}\in K_i | M_i\} &= P\{\mathbf{n}\in K_i\} \\ &= \iint_{K_i} f_{n_1 n_2}(n_1, n_2)\, dn_1\, dn_2 \\ &= \iint_{K_i} f_{n_1}(n_1)\cdot f_{n_2}(n_2)\, dn_1\, dn_2 \quad , \qquad (42.55) \end{aligned}$$

wobei die letzte Beziehung aus der statistischen Unabhängigkeit der Störkomponenten folgt. Nimmt man Gaußische Störungen an, so folgt weiter:

$$P\{\mathbf{n}\in K_i\} = \iint_{K_i} \frac{1}{2\pi\cdot\sigma^2} \exp\left(-\frac{n_1^2+n_2^2}{2\sigma^2}\right) dn_1\, dn_2 \quad . \qquad (42.56)$$

Zur Auswertung der Integrale führt man Polarkoordinaten ein

$$x = \text{æ} \cos \alpha$$
$$y = \text{æ} \sin \alpha \quad , \qquad (42.57)$$

die mit der Umrechnung über die Funktionaldeterminante

$$dn_1\, dn_2 = \begin{vmatrix} \cos \alpha & -\text{æ} \sin \alpha \\ \sin \alpha & \text{æ} \cos \alpha \end{vmatrix} d\text{æ}\, d\alpha = \text{æ}\, d\text{æ}\, d\alpha \qquad (42.58)$$

schließlich zu dem Ergebnis

$$P(C|M_i) \geq P\{\mathbf{n} \in K_i\} = P\{|\mathbf{n}| \leq r_i\}$$
$$= \frac{1}{2\pi \cdot \sigma^2} \int_0^{2\pi} \int_0^{r_i} \exp(-\frac{\text{æ}^2}{2\sigma^2})\, \text{æ}\, d\text{æ}\, d\alpha$$
$$= 1 - \exp(-\frac{r_i^2}{2\sigma^2}) \quad . \qquad (42.59)$$

Mit den Radien r_i der einbeschriebenen Entscheidungsgebiete läßt sich so die obere Schranke der Fehlerwahrscheinlichkeit sehr leicht bestimmen.

4.2.5 Vergleich der Signalvektorkonfigurationen

Ein Vergleich der in Tab. 4.2 zusammengestellten Vektorkonfigurationen ist wegen der verschiedenen Parameter, nämlich

der Dimension N der Vektoren,
der Anzahl M der Ereignisse M_i und
des Signal-zu-Rausch-Verhältnisses,

sowie wegen der schwer auswertbaren Ausdrücke für die Fehlerwahrscheinlichkeit P(F) nur mit großem Aufwand durchzuführen. Mit den Abschätzformeln für P(F) aus dem vorausgehenden Abschnitt ist jedoch wenigstens ein näherungsweiser Vergleich möglich. Verwendet wurde dabei die Abschätzung nach (42.53), weil diese in der Regel genauer, wenn auch aufwendiger ist. Für den 1. Fall, die Signale an den Ecken eines Hyperwürfels, ist eine Reihenentwicklung des Potenzausdruckes (42.36) vorzuziehen: Die im Vorzeichen alternierenden, betragsmäßig nach Null konvergierenden Glieder der Reihe werden bis einschließlich der dritten Potenz berücksichtigt, um P(F) nach oben abzuschätzen.

Für die vier Typen von Signalen in Tab. 4.2 gilt im einzelnen: Es werde angenommen, daß M Signale mit der Signalenergie E_s für jedes Signal zur Verfügung stehen, und daß die Rauschleistungsdichte durch N_w gegeben ist. Dann folgt:

1. Signale im N-dimensionalen Würfel

Die Kantenlänge d des N-dimensionalen Würfels hängt von der Anzahl M der Signalvektoren ab

$$d = 2\cdot\left(\frac{E_s}{\mathrm{ld}\ M}\right)^{\frac{1}{2}} \tag{42.60}$$

und konvergiert für wachsendes M gegen Null. Die Reihenentwicklung von (42.36) liefert mit N=ld M

$$P(F) \le \mathrm{ld}\ M\ Q\left(\left(\frac{E_s}{N\cdot N_w}\right)^{\frac{1}{2}}\right) - \tfrac{1}{2}\ \mathrm{ld}\ M\ (\mathrm{ld}\ M - 1)\ Q^2\left(\left(\frac{E_s}{N\cdot N_w}\right)^{\frac{1}{2}}\right)$$

$$+ \frac{1}{6}\ \mathrm{ld}\ M\ (\mathrm{ld}\ M - 1)(\mathrm{ld}\ M - 2)\ Q^3\left(\left(\frac{E_s}{N\cdot N_w}\right)^{\frac{1}{2}}\right) \quad . \tag{42.61}$$

2. Orthogonale Signale

Der Abstand zwischen je zwei Signalvektoren ist konstant

$$d = (2E_s)^{\frac{1}{2}} \quad . \tag{42.62}$$

Damit liefert (42.53)

$$P(F) \le (M-1)\cdot Q\left(\left(\frac{E_s}{2N_w}\right)^{\frac{1}{2}}\right) \quad . \tag{42.63}$$

3. Simplex-Signale

Der Abstand zwischen je zwei Signalvektoren hängt von deren

Anzahl M ab:

$$d = (\frac{2M}{M-1} \cdot E_s)^{\frac{1}{2}} \quad . \qquad (42.64)$$

E_s ist die Energie der Simplexsignale. Für wachsendes M konvergiert d gegen den Wert der orthogonalen Signale nach (42.62). Mit (42.64) erhält man für (42.53)

$$P(F) \leq (M-1) \cdot Q((\frac{E_s M}{2N_w(M-1)})^{\frac{1}{2}}) \quad . \qquad (42.65)$$

4. Biorthogonale Signale

Der Abstand von einem Signalvektor $\underline{s}_i$ zu allen anderen mit Ausnahme des Vektors $\underline{s}_{-i}$ ist durch (42.62) gegeben. Zwischen $\underline{s}_i$ und $\underline{s}_{-i}$ ist er

$$d = 2(E_s)^{\frac{1}{2}} \quad , \qquad (42.66)$$

wie Bild 4.19 zeigt. Damit erhält man für P(F):

$$P(F) \leq (M-2) \cdot Q((\frac{E_s}{2N_w})^{\frac{1}{2}}) + Q((\frac{E_s}{N_w})^{\frac{1}{2}}) \quad . \qquad (42.67)$$

Um den Einfluß der Parameter auf die Distanz d und die Fehlerwahrscheinlichkeit P(F) zu zeigen, sind in Tab. 4.3 und Tab. 4.4 für M=4 und M=8 Signale und die Signal-zu-Rausch-Verhältnisse E_s/N_w=5 und E_s/N_w=10 die bei den einzelnen Signaltypen erforderliche Dimension N sowie d und P(F) angegeben. Die beiden Angaben bei Typ 4 für d entsprechen (42.62) und (42.66).

Vergleicht man die Zahlenwerte in der Tab. 4.4 für die Fehlerwahrscheinlichkeit P(F), so sieht man, daß kein Signaltyp eindeutige Vorzüge besitzt. Die Signale an den Ecken eines Würfels benötigen zwar die niedrigste Dimension, d.h. die Vektoren besitzen die wenigsten Komponenten; für große Werte von M und E_s/N_w wird jedoch P(F) relativ groß. Allgemein gilt für die Abschätzung von P(F), daß sie für Typ 2 (orthogonale Signale) schlechtere

Tab. 4.3 Normierte Distanz $d/(N_w)^{\frac{1}{2}}=d/\sigma$ (Fettdruck) der vier Signaltypen nach Tab. 4.2

Typ der Signale	M = 4, ld M = 2			M = 8, ld M = 3		
	E_s/N_w		N	E_s/N_w		N
	5	10		5	10	
1	**3,16**	**4,475**	2	**1,29**	**1,825**	3
2	**3,16**	**4,475**	4	**3,16**	**4,475**	3
3	**3,65**	**5,16**	3	**3,46**	**4,9**	7
4	**3,16/4,475**	**4,475/6,33**	2	**3,16/4,475**	**4,475/6,33**	4

Tab. 4.4 Abschätzung der Fehlerwahrscheinlichkeit P(F)

Typ der Signale	$E_s/N_w = 5$ M		$E_s/N_w = 10$ M	
	4	8	4	8
1	0,11086	0,26312	0,024942	0,09963
2	0,17118	0,39942	0,03765	0,08785
3	0,10314	0,31871	0,01485	0,05901
4	0,12667	0,35491	0,02595	0,07612

Ergebnisse als für Typ 4 (biorthogonale Signale) liefert. Dies liegt daran, daß bei biorthogonalen Signalen eines der M Signale sehr viel weiter als die anderen vom betrachteten Signal $\underline{s}_i$ entfernt liegt. Dadurch führt dieses weiter entfernt liegende Signal seltener zu einer Fehlentscheidung. Für M=4 gibt Typ 1 den korrekten Wert von P(F) an, da die Reihenentwicklung nach zwei Gliedern abbricht. Andererseits ist für M=4 Typ 1 und Typ 4 identisch. Vergleicht man die Abschätzung hier für steigendes Signal-zu-Rausch-Verhältnis, so zeigt sich, daß die Abschätzung genauer wird.

4.3 Realisierung der Empfänger für die Detektion

Nach (42.13) lautet die Entscheidungsregel eines Empfängers für Gaußisch gestörte Signale mit $\sigma^2=N_w$

$$\sum_{k=1}^{N} (r_k-s_{ik})^2 - 2\,N_w \ln P_i < \sum_{k=1}^{N} (r_k-s_{jk})^2 - 2\,N_w \ln P_j$$

$$j = 1 \ldots M,\; j \neq i \quad . \qquad (43.1)$$

Dies bedeutet: Der Empfänger berechnet für jeden Signalvektor $\underline{s}_i$ den Ausdruck

$$\sum_{k=1}^{N} (r_k-s_{ik})^2 - 2\,N_w \ln P_i \qquad i = 1 \ldots M \qquad (43.2)$$

und entscheidet sich für den Signalvektor $\underline{s}_i$, für den dieser Ausdruck ein Minimum annimmt. Durch Umformung von (43.2) läßt sich das technisch nur zeitaufwendig zu realisierende Quadrieren vermeiden:

$$\sum_{k=1}^{N} (r_k-s_{ik})^2 - 2\,N_w \ln P_i$$

$$= \sum_{k=1}^{N} r_k^2 - 2 \sum_{k=1}^{N} r_k \cdot s_{ik} + E_{si} - 2\,N_w \ln P_i \quad . \qquad (43.3)$$

Weil der Ausdruck $\sum_{k=1}^{N} r_k^2$ vom Index i unabhängig ist, genügt es, den Ausdruck

$$\sum_{k=1}^{N} r_k \cdot s_{ik} + N_w \ln P_i - \tfrac{1}{2} E_{si} = \sum_{k=1}^{N} r_k \cdot s_{ik} + c_i \tag{43.4}$$

zu einem Maximum zu machen, um (43.1) zu erfüllen.

Am Ausgang des Systems steht dem zu realisierenden Empfänger nach Bild 1.1 das Signal r(t) zur Verfügung, das durch den Vektor $\underline{r}$ dargestellt wird. Man gewinnt $\underline{r}$ aus r(t) mit dem Demodulator nach Bild 3.2. Mit der Definitionsgleichung (33.2) für die Komponenten r_k von $\underline{r}$ kann man schreiben

$$\begin{aligned} \sum_{k=1}^{N} r_k \cdot s_{ik} &= \sum_{k=1}^{N} s_{ik} \int_0^T r(t) \cdot p_k(t)\, dt \\ &= \int_0^T r(t) \sum_{k=1}^{N} s_{ik} \cdot p_k(t)\, dt = \int_0^T r(t) \cdot s_i(t)\, dt \quad . \end{aligned} \tag{43.5}$$

Man definiert aber [6]

$$\int_{-\infty}^{+\infty} x(t)\, y^*(t-\tau)\, dt = k(\tau) \tag{43.6}$$

als Korrelationsfunktion. Dabei ist $y^*(t)$ die konjugiert komplexe Funtion zu y(t). Weil $s_i(t)$ reell ist und r(t) und $s_i(t)$ zeitbegrenzte, innerhalb des Intervalls $0 \le t \le T$ liegende Funktionen sind, ist (43.5) die zugehörige Korrelationsfunktion für $\tau=0$.

Deshalb bezeichnet man das System, das den Ausdruck (43.5) bestimmt, als Korrelationsempfänger. Bild 4.22 zeigt das Blockschaltbild dieses Empfängers. Dieser setzt sich aus drei Teilen zusammen:

1. dem Demodulator nach Bild 3.2
2. einem Gewichtungsnetzwerk zur Bestimmung der gewichteten Summen nach (43.5) für i=1...M
3. dem Element, das den größten Ausdruck nach (43.4) aussucht.

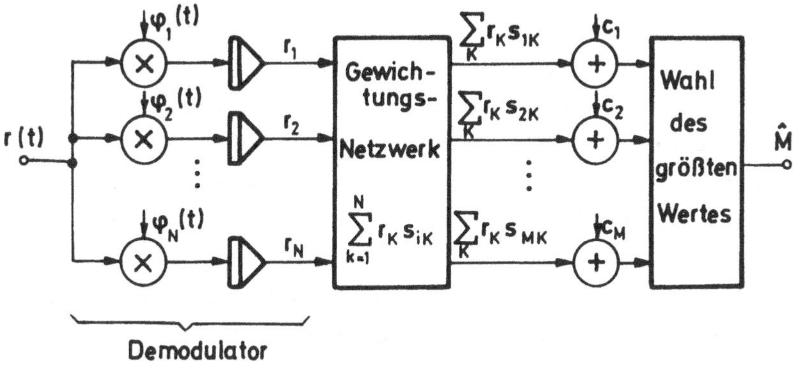

Bild 4.22 Struktur des Korrelationsempfängers

Das Gewichtungsnetzwerk kann man sich aus Potentiometern bzw. Festwiderständen und Summierern aufgebaut vorstellen, wie es Bild 4.23 für M=3 Signalvektoren der Dimension N=2 zeigt. Bei modernen Modems zur Datenübertragung verwendet man dazu Signalprozessoren, die allerdings auch die anderen Komponenten des Empfängers - Demodulator, Entscheider usw. - zu realisieren vermögen.

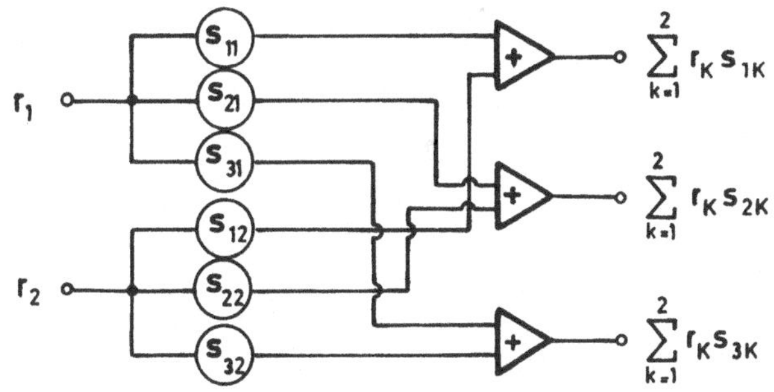

Bild 4.23 Gewichtungsnetzwerk

Wenn die A-priori-Wahrscheinlichkeiten P_i alle gleich sind, und die Signale gleiche Energie besitzen, was durch Wahl der Vektoren nach Abschnitt 4.2.3 erreichbar ist, werden die Konstanten c_i in (43.4) für alle Signale gleich und können bei der Entscheidung des Empfängers unberücksichtigt bleiben. Bei der Datenübertragung trifft dies z.B. bei digitaler Phasenmodulation oder PSK (Englisch: phase-shift-keying) zu. Dadurch vereinfacht sich die Struktur in Bild 4.22. Auf die Multiplikation im Gewichtungsnetzwerk kann man auch verzichten, wenn man regelmäßige Strukturen wie bei den rechtwinkligen Entscheidungsräumen in Bild 4.15 verwendet die zudem achsenparallel sind. Dann muß man nur entscheiden, innerhalb welchen Abszissen- bzw. Ordinatenabschnitts man sich befindet, woraus die Komponenten r_i gewonnen werden. Bei der Datenübertragung trifft dies für Quadraturamplitudenmodulation oder QAM zu, die auch als QASK (Englisch: quadrature-amplitude-shift-keying) bezeichnet wird und bei Datenübertragung über Satellitenkanäle (z.B. Intelsat IV) verwendet wird.

Weil die Signale $s_i(t)$ und damit die orthonormalen Basisfunktionen vorausetzungsgemäß außerhalb des Intervalls $0 \le t \le T$ identisch verschwinden, läßt sich der Empfänger auch ohne Multiplizierer realisieren. Dies ist vorteilhaft, weil die Multiplikation technisch nur aufwendig und damit zeitraubend zu realisieren ist. Ein System mit der Impulsantwort $a_0(t)$ liefert bei Einspeisung von r(t) das Ausgangssignal

$$a_r(t) = a_0(t) * r(t)$$

$$= \int_{-\infty}^{+\infty} a_0(t-\tau)\, r(\tau)\, d\tau \quad . \tag{43.7}$$

Wählt man

$$a_0(t) = p_j(T-t) \quad , \tag{43.8}$$

so gilt:

$$a_r(t) = \int_{-\infty}^{+\infty} p_j(T-t+\tau)\, r(\tau)\, d\tau \tag{43.9}$$

und zum Zeitpunkt t=T:

$$a_r(T) = \int_{-\infty}^{+\infty} p_j(\tau)\, r(\tau)\, d\tau = r_j \quad , \tag{43.10}$$

d.h. der Abtastwert des Ausgangssignals zum Zeitpunkt t=T liefert die Komponente r_j von $\underline{r}$. Verwendet man N parallele Filter mit Impulsantworten nach (43.8), so kann man den Demodulator in Bild 4.22 durch die Filterbank mit Abtastern in Bild 4.24 ersetzen. Allerdings wird der Aufwand hier z.B. bei der Datenübertragung größer als bei der zuvor beschriebenen Realisierungsmethode, da als orthonormale Basisfunktionen die auf das Intervall $0 \le t \le T$ beschränkten trigonometrischen Funktionen $\sin \omega_c t$ und $\cos \omega_c t$ verwendet werden, an die die Impulsantworten der Filter anzupassen wären.

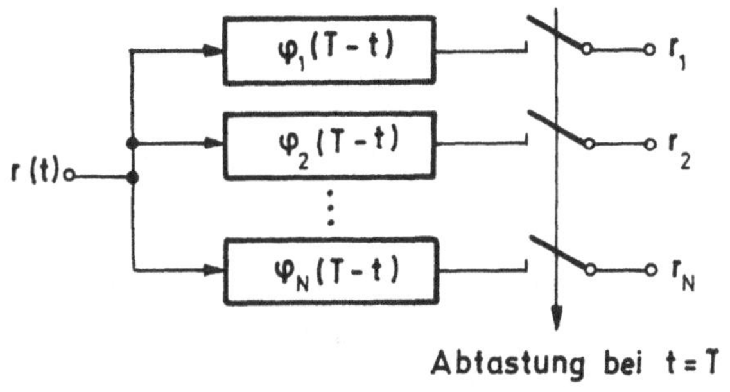

Bild 4.24 Eingangsnetzwerk des Matched-Filter-Empfängers

Man bezeichnet die Filter mit der Impulsantwort nach (43.8) als Matched-Filter, weil sie in ihrem zeitlichen Verlauf den Funktionen $p_j(t)$ angepaßt sind. Sie lassen sich nur dann als kausale Filter realisieren, wenn $p_j(t)=0$ für $t>T$, damit $a_0(t)=0$ für $t<0$ wird. Je größer T ist, desto länger dauert es, bis die Komponente r_j von $\underline{r}$ berechnet wird.

Das Matched-Filter ist dadurch gekennzeichnet, daß es bei vorgegebenem Eingangssignal zu einem festen Zeitpunkt das maximal mögliche Signal-zu-Rausch-Verhältnis liefert. Das Ausgangssignal eines Filters mit der Impulsantwort $a_0(t)$ ist nach (43.7) zum Zeitpunkt $t=T$ bei Erregung mit $g(t)$

$$a_g(t) = \int_{-\infty}^{+\infty} a_0(t-\tau)\, g(\tau)\, d\tau \quad . \tag{43.11}$$

Das Signal $g(t)$ werde von einer Musterfunktion $n(t)$ eines weißen

Rauschprozesses n(t) mit der Autokorrelationsfunktion (21.27) und verschwindendem Mittelwert additiv überlagert. Der quadratische Mittelwert des von den Störungen erzeugten Ausgangssignals ist dann gleich der Varianz [7]

$$\begin{aligned}
\sigma_a^2 &= E\left(\int_{-\infty}^{+\infty}\int_{-\infty}^{+\infty} a_0(T-\tau)\ a_0(T-t)\ n(\tau)\ n(t)\ d\tau\ dt\right) \\
&= \int_{-\infty}^{+\infty}\int_{-\infty}^{+\infty} E(n(\tau)\ n(t))\ a_0(T-\tau)\ a_0(T-t)\ d\tau\ dt \\
&= N_w \int_{-\infty}^{+\infty}\int_{-\infty}^{+\infty} \delta_0(\tau-t)\ a_0(T-\tau)\ a_0(T-t)\ d\tau\ dt \\
&= N_w \int_{-\infty}^{+\infty} a_0^2(T-t)\ dt = N_w \int_{-\infty}^{+\infty} a_0^2(t)\ dt \quad . \qquad (43.12)
\end{aligned}$$

Das Signal-zu-Rausch-Verhältnis S/N kann man als Quotienten aus dem Quadrat des ungestörten Ausgangssignals und dem quadratischen Mittelwert des Rauschprozesses am Ausgang des Filters definieren. Nach (43.11) und (43.12) gilt zum Zeitpunkt t=T:

$$\frac{S}{N} = \frac{\left(\int_{-\infty}^{+\infty} a_0(T-\tau)\ g(\tau)\ d\tau\right)^2}{N_w \int_{-\infty}^{+\infty} a_0^2(\tau)\ d\tau} \quad . \qquad (43.13)$$

Mit der Schwarzschen Ungleichung kann man den Zähler nach oben abschätzen:

$$\left[\int_{-\infty}^{+\infty} a_0(T-\tau)\cdot g(\tau)\ d\tau\right]^2 \le \left[\int_{-\infty}^{+\infty} a_0^2(T-\tau)\ d\tau\right]\left[\int_{-\infty}^{+\infty} g^2(\tau)\ d\tau\right] \quad . \qquad (43.14)$$

Für

$$a_0(T-\tau) = c\cdot g(t) \qquad (43.15)$$

geht die Ungleichung in eine Gleichung über. Für (43.13) folgt damit:

$$\frac{S}{N} = \frac{[\int_{-\infty}^{+\infty} a_0{}^2(T-\tau)d\tau][\int_{-\infty}^{+\infty} g^2(\tau)d\tau]}{N_w \int_{-\infty}^{+\infty} a_0{}^2(\tau)\, d\tau} = \frac{\int_{-\infty}^{+\infty} g^2(\tau)\, d\tau}{N_w} \quad , \tag{43.16}$$

d.h. unter der Voraussetzung, daß die Bedingung in (43.15) erfüllt ist, wird die obere Schranke in (43.16) erreicht. Für das Filterproblem heißt dies: Ist die Matched-Filter-Bedingung (43.15) erfüllt, erhält man zum Zeitpunkt t=T das maximal mögliche Signal-zu-Rausch-Verhältnis. Die Bedeutung der Bedingung (43.15) im Frequenzbereich erkennt man an der Fourier-Transformierten

$$A_0(f) = \int_{-\infty}^{+\infty} a_0(t)\, e^{-j2\pi ft}\, dt = \int_{-\infty}^{+\infty} c\cdot g(T-t)\, e^{-j2\pi ft}\, dt$$

$$= c\cdot e^{-j2\pi ft}\, G^*(F) \quad . \tag{43.17}$$

Für den Amplitudengang gilt damit

$$|A_0(f)| = c\cdot|G(f)| \quad , \tag{43.18}$$

d.h. der Amplitudengang des Matched-Filters stimmt bis auf eine Konstante mit dem des Nutzsignals überein, an das das Filter angepaßt wurde. Das Filter ist dort "durchlässig", wo die Signalfrequenzen liegen, im übrigen Frequenzbereich sperrt es.

Neben der Realisierung des Empfängers durch Matched-Filter für die orthonormalen Basisfunktionen $p_j(t)$ gibt es noch eine weitere Möglichkeit. Im Korrelationsempfänger werden Ausdrücke der Form (43.5) benötigt. Statt der Summenbildung kann man auch die Integration ausführen. Liegt das Signal r(t) am Eingang eines Filters mit der Impulsantwort

$$a_0(t) = s_i(T-t) \quad , \tag{43.19}$$

so liefert es zum Zeitpunkt t=T wegen der Beschränkung von $s_i(t)$ auf das Intervall $0\le t\le T$ den Ausdruck nach (43.5)

$$a_r(T) = \int_{-\infty}^{+\infty} a_0(t-\tau)\ r(\tau)\ d\tau\Big|_{t=T} = \int_{-\infty}^{+\infty} s_i(T-t+\tau)\ r(\tau)\ d\tau\Big|_{t=T}$$

$$= \int_{-\infty}^{+\infty} s_i(\tau)\ r(\tau)\ d\tau \quad . \tag{43.20}$$

Die Filter mit den Impulsantworten nach (43.19) stellen Matched-Filter für die Signalfunktionen $s_i(t)$ dar. Einen Empfänger der mit diesen Filtern aufgebaut ist, zeigt Bild 4.25.

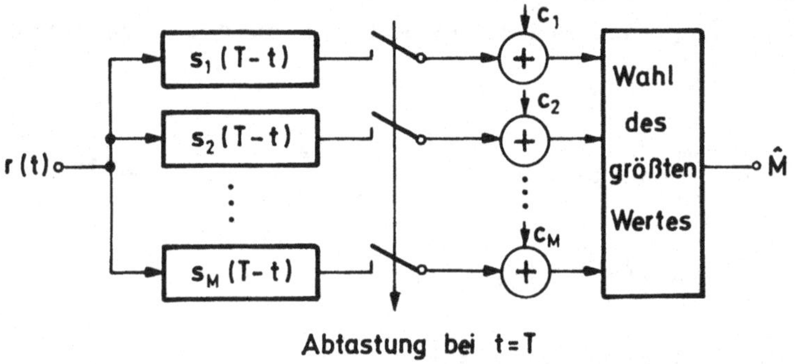

Bild 4.25 Empfänger ohne Gewichtungsnetzwerk

Statt des Demodulators und des Gewichtungsnetzwerks in Bild 4.22 ist hier eine Filterbank mit M parallelen Filtern verwendet worden. Da stets $N \le M$ gilt, kann die Ersparnis des Gewichtungsnetzwerks u.U. durch hohen Aufwand bei den Filtern erkauft worden sein. Wenn $M \gg N$ ist, verwendet man deshalb N parallele Zweige am Eingang nach Bild 4.22 und realisiert das Gewichtungsnetzwerk digital, wie bereits gesagt wurde. Dies trifft insbesondere bei Modems zur Datenübertragung zu, da hier, wie bereits erwähnt, nur zwei orthonormale Basisfunktionen benutzt werden, womit N=2 gilt. Andererseits faßt man z.B. B Binärsymbole zu einem Block zusammen, so daß man $M=2^B$ Ereignisse M_i bzw. Sendesignale $s_i(t)$ unterscheidet. Damit ist aber $M \gg N$ und der Ersatz der Eingangsstufe durch Matched Filter lohnt auch hier nicht, zumal die Impulsantworten als Linearkombinationen der zeitbeschränkten Funktionen $\sin\ \omega_c t$ und $\cos\ \omega_c t$ nur schwer zu realisieren sind. Anders verhält es sich bei Radarsystemen, bei denen man allein schon wegen des hohen Frequenzbereichs gerne auf die Multiplikation verzichtet und statt dessen Matched Filter am Eingang des Empfängers verwendet. Dies gilt insbesondere auch deshalb, weil das Matched-Filter bezüglich der exakten Kurvenform der Impulsantwort nicht besonders empfindlich ist. Nimmt man z.B. an, daß das Sendesignal rechteckförmig ist und daß man für das Matched Filter ein System verwendet, das einem Gaußtiefpaß, einem idealen Tiefpaß oder einem RC-Tiefpaß erster Ordnung entspricht, damit also der Bedingung für das Matched-Filter nach (43.15) bzw. (43.18) nicht genau entspricht, so betragen die Verluste des Signal-zu-Rauch-Verhältnisses gegenüber dem exakten Anpassungsfall nur 0,5, 0,8 bzw. 1 dB, sofern lediglich die Bandbreite der genannten Filter optimiert wurde [33].

4.4 Anwendung von Detektionsprinzipien bei der Datenübertragung

Ziel bei der Datenübertragung ist es, die Fehlerwahrscheinlichkeit P(F) pro übertragenem Binärzeichen zum Minimum zu machen. Die Detektionstheorie liefert den dazu benötigten Ansatz: Das Maximum-a-posteriori Kriterium (MAP) führt auf die minimale Fehlerwahrscheinlichkeit. Mit diesem Kriterium sollen nun drei digitale Modulationsverfahren für die Übertragung von einzelenn Binärzeichen und die Übertragung von Blöcken von Binärzeichen untersucht werden.

4.4.1 Vergleich von digitalen Modulationsverfahren

Die Datenquelle liefere die beiden Signalzustände eines Binärsignals a(t) mit gleicher Wahrscheinlichkeit $P_1=P_2=\frac{1}{2}$. Zur Übertragung soll, wie in Bild 4.26 gezeigt, Amplituden-, Frequenz- oder Phasenmodulation verwendet werden. Ihre digitalen Formen bezeichnet man als OOK oder Englisch on-off-keying, FSK oder frequency-shift-keying und PSK oder phase-shift-keying. Die Signalenergie pro Binärzeichen ist dabei auf $E_s=d^2$ beschränkt, so daß das

Sendesignal s(t) die maximale Amplitude A besitzt.

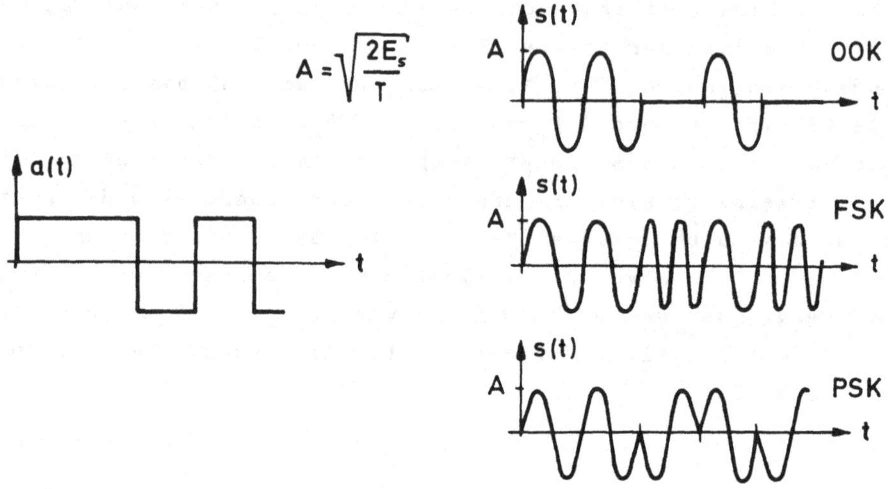

Bild 4.26 Verschiedene Modulationsverfahren für binäre Datenübertragung

Auf dem Kanal überlagern sich additiv Gaußsche, mittelwertfreie Störungen der Varianz $\sigma^2=N_w$. Die sich aus diesen Randbedingungen ergebenden Fehlerwahrscheinlichkeiten P(F) eines optimalen Empfängers lassen sich mit Hilfe der zugehörigen Signalvektordiagramme berechnen. Aus Bild 4.26 geht hervor, daß die dazu benötigten othonormalen Basisfunktionen sinusförmig sind. Für die Sendesignale, orthonormalen Basisfunktionen und Signalvektoren gilt deshalb:

Digitale Amplitudenmodulation (OOK):

$$s_1(t) = 0$$

$$s_2(t) = \left(\frac{2E_s}{T}\right)^{\frac{1}{2}} \sin \omega_c t \qquad 0 \le t \le T = \frac{2\pi}{\omega_c} \qquad E_{s2}=E_s=d^2 \qquad (44.1)$$

Orthonormale Basisfunktion:

$$p(t) = \left(\frac{2}{T}\right)^{\frac{1}{2}} \sin \omega_c t \qquad 0 \le t \le T = \frac{2\pi}{\omega_c} \qquad (44.2)$$

Signalvektoren:

$$\underline{s}_1 = \underline{0} \qquad \underline{s}_2 = (E_s)^{\frac{1}{2}} \tag{44.3}$$

Digitale Frequenzmodulation (FSK):

$$s_1(t) = \left(\frac{2E_s}{T}\right)^{\frac{1}{2}} \sin \omega_c t$$

$$0 \le t \le T = \frac{2\pi}{\omega_c} \qquad E_{s1}=E_{s2}=E_s=d^2$$

$$s_2(t) = \left(\frac{2E_s}{T}\right)^{\frac{1}{2}} \sin 2\omega_c t \tag{44.4}$$

Orthonormale Basisfunktionen:

$$p_1(t) = \left(\frac{2}{T}\right)^{\frac{1}{2}} \sin \omega_c t$$

$$0 \le t \le T = \frac{2\pi}{\omega_c} \tag{44.5}$$

$$p_2(t) = \left(\frac{2}{T}\right)^{\frac{1}{2}} \sin 2\omega_c t$$

Signalvektoren:

$$\underline{s}_1 = (E_s)^{\frac{1}{2}}\cdot(1,0)^T \qquad \underline{s}_2 = (E_s)^{\frac{1}{2}}\cdot(0,1)^T \tag{44.6}$$

Digitale Phasenmodulation (PSK):

$$s_1(t) = \left(\frac{2E_s}{T}\right)^{\frac{1}{2}} \sin \omega_c t$$

$$0 \le t \le T = \frac{2\pi}{\omega_c} \qquad E_{s1}=E_{s2}=E_s=d^2$$

$$s_2(t) = - s_1(t) \tag{44.7}$$

Orthonormale Basisfunktion:

$$p(t) = \left(\frac{2}{T}\right)^{\frac{1}{2}} \sin \omega_c t \qquad 0 \le t \le T = \frac{2\pi}{\omega_c} \tag{44.8}$$

Signalvektoren:

$$\underline{s}_1 = (E_s)^{\frac{1}{2}} \qquad \underline{s}_2 = -(E_s)^{\frac{1}{2}} \tag{44.9}$$

Bild 4.27 zeigt die Signalvektorkonfigurationen für die drei digitalen Modulationsverfahren. Daraus läßt sich die Fehlerwahrscheinlichkeit berechnen, indem man die Abstände d_{12} der Signalvektoren ermittelt. Man erhält dabei:

$$\begin{aligned} &\text{OOK:} \quad d_{12} = d = (E_s)^{\frac{1}{2}} \\ &\text{FSK:} \quad d_{12} = d\cdot(2)^{\frac{1}{2}} = (2\cdot E_s)^{\frac{1}{2}} \\ &\text{PSK:} \quad d_{12} = d\cdot 2 = 2\cdot(E_s)^{\frac{1}{2}} \end{aligned} \tag{44.10}$$

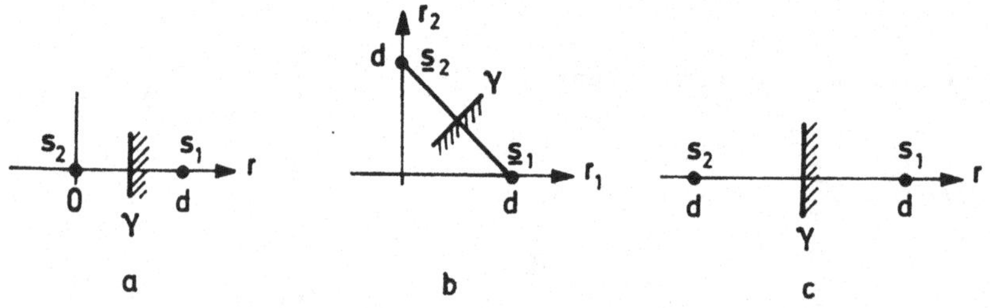

Bild 4.27 Signalvektorkonfigurationen für die digitalen Modulationsverfahren OOK, FSK und PSK

Ein Fehler tritt immer dann auf, wenn die Störkomponente in Richtung der Verbindungsstrecke zwischen den beiden Signalvektoren größer als der halbe Abstand dieser Strecke d_{12} ist. Da beide Komponenten des Störvektors $\underline{n}$ unkorreliert sind, besitzt die Komponente in Richtung der Verbindungsstrecke dieselben statistischen Eigenschaften wie die einzelnen Komponenten. Damit gilt:

$$P(F) = P_1\cdot P(F|M_1) + P_2\cdot P(F|M_2) = \tfrac{1}{2}\cdot(P(F|M_1) + P(F|M_2))$$

$$= P(F|M_1) = \int_{d_{12}/2}^{+\infty} \frac{1}{(2\pi)^{\frac{1}{2}}\sigma} \exp(-\frac{n^2}{2\sigma^2})\, dn$$

$$= \int_{d_{12}/2\sigma}^{+\infty} \frac{1}{(2\pi)^{\frac{1}{2}}} \exp(-\frac{x^2}{2})\, dx = Q(\frac{d_{12}}{2\sigma}) \tag{44.11}$$

Setzt man für den Abstand d_{12} die Werte in (44.10) ein, so folgt:

$$\text{OOK:} \qquad P(F) = Q(\tfrac{1}{2}\cdot(\frac{E_s}{N_w})^{\frac{1}{2}}) \tag{44.12}$$

$$\text{FSK:} \qquad P(F) = Q((\frac{E_s}{2\cdot N_w})^{\frac{1}{2}}) \tag{44.13}$$

$$\text{PSK:} \qquad P(F) = Q((\frac{E_s}{N_w})^{\frac{1}{2}}) \tag{44.14}$$

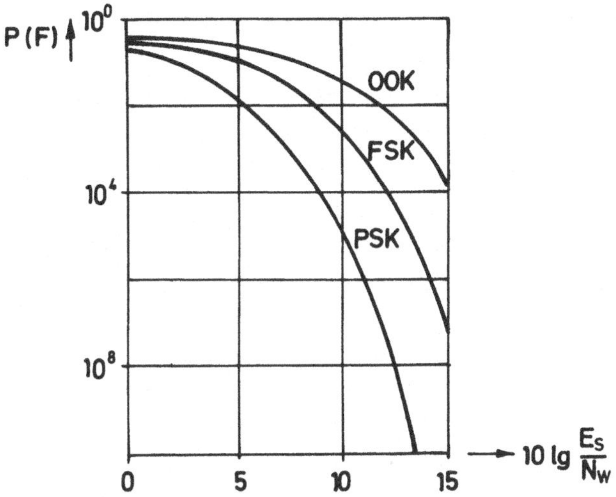

Bild 4.28 Fehlerwahrscheinlichkeit P(F) als Funktion des Signal-zu-Rauschverhältnisses E_s/N_w für verschiedene Modulationsverfahren

Vergleicht man diese Fehlerwahrscheinlichkeiten miteinander, so erhält man folgende Ungleichung:

$$P(F)_{OOK} = Q(\tfrac{1}{2}(\frac{E_s}{N_w})^{\frac{1}{2}}) > P(F)_{FSK} = Q((\frac{E_s}{2\cdot N_w})^{\frac{1}{2}}) > P(F)_{PSK} = Q((\frac{E_s}{N_w})^{\frac{1}{2}}) \tag{44.15}$$

Damit schneidet die digitale Phasenmodulation am besten ab. Zu beachten ist, daß die maximale Sendesignalamplitude beschränkt war. Wenn die mittlere Signalenergie beschränkt ist, werden OOK und FSK gleich gut. Der apparative Aufwand ist bei PSK am größten, da synchrone Demodulation gefordert wird, was bei OOK und

FSK nicht nötig ist. Hier reichen asynchrone Verfahren - Gleichrichtung bei OOK, eine Hochpaß-/Tiefpaß-Filterung bei FSK - aus.

4.4.2 Daten-Modem zur Übertragung von Datenblöcken

Wenn bei vorgegebener Bandbreite des Übertragungskanals, z.B. des Telefonkanals, eine Übertragung des Datenstroms mit vorgegebener Bitrate als Binärsignal wegen zu hoher Fehlerrate nicht mehr möglich ist, werden im Daten-Modem aufeinanderfolgende Binärzeichen zu Datenblöcken zusammengefaßt und durch ein geeignetes, mehrstufiges Modulationsverfahren gemeinsam übertragen. Als Beispiel soll hier eine Datenrate von 7,2 kbit/s betrachtet werden, für die der CCITT, ein internationales Gremium der Postverwaltungen, eine kombinierte Phasen-Amplituden-Modulation (PSK/ASK: phase-shift-keying/amplitude-shift-keying) vorsieht [34].

Bei diesem Verfahren werden wie in Bild 4.29 jeweils 3 aufeinanderfolgende Binärzeichen zu einem Block zusammengefaßt, so daß insgesamt M=8 Zeichenblöcke M_i entstehen, denen Signalvektoren $\underline{s}_i$, i=0...7 in einem Codierer zugeordnet werden.

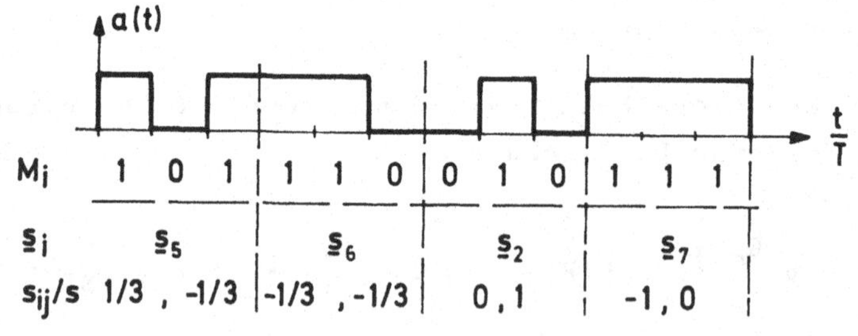

Bild 4.29 Transformation des binären Signals a(t) in Signalvektoren $\underline{s}_i$ mit den normierten Komponenten s_{ij}/s

Die Signalvektoren werden durch die technisch leicht zu realisierenden orthonormalen Basisfunktionen

$$p_1(t) = \left(\frac{2}{T}\right)^{\frac{1}{2}} \sin \omega_c t$$

$$0 \le t \le T = \frac{2\pi}{\omega_c} \qquad (44.16)$$

$$p_2(t) = \left(\frac{2}{T}\right)^{\frac{1}{2}} \cos \omega_c t$$

in die Sendesignale $s_i(t)$ transformiert.

Die Zuordnung der binären Zeichen, die den Ereignissen M_i entsprechen, zu den Signalvektoren im zweidimensionalen Raum erfolgt im Sinne des Gray-Codes, d.h. geometrisch benachbarte Signalvektoren sollen binären Zeichen entsprechen, die sich in möglichst wenigen Stellen voneinander unterscheiden. Im Fall eines Fehlers bei der Übertragung der Sendesignale entsteht dann ein binäres Zeichen, das dem ursprünglichen sehr ähnlich ist, weil es sich in einem, höchstens in zwei binären Stellen vom gesendeten Zeichen unterscheidet. Insgesamt verwendet der Codierer folgende Zuordnung:

$$\begin{array}{lll}
M_0: & 000 & \underline{s}_0 = s/3\cdot(1,1)^T \\
M_1: & 001 & \underline{s}_1 = s\cdot(1,0)^T \\
M_2: & 010 & \underline{s}_2 = s\cdot(0,1)^T \\
M_3: & 011 & \underline{s}_3 = s/3\cdot(-1,1)^T \\
M_4: & 100 & \underline{s}_4 = s\cdot(0,-1)^T \\
M_5: & 101 & \underline{s}_5 = s/3\cdot(1,-1)^T \\
M_6: & 110 & \underline{s}_6 = s/3\cdot(-1,-1)^T \\
M_7: & 111 & \underline{s}_7 = s\cdot(-1,0)^T
\end{array} \qquad (44.17)$$

Die zugehörige Signalvektorkonfiguration zeigt Bild 4.30.

Der Sender besitzt den in Bild 4.31 gezeigten prinzipiellen Aufbau. Die Tiefpässe (TP) nach dem Codierer dienen zur Bandbegrenzung der rechteckförmigen Signale, die in ihrer Amplitude die Vektorkomponenten repräsentieren; das Filter am Ausgang dient der Impulsformung für den Übertragungskanal, um z.B. Impulsnebensprechen zu vermeiden.

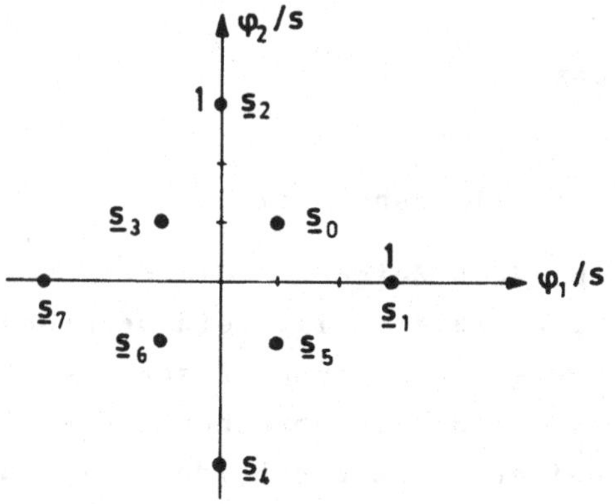

Bild 4.30 Signalkonfiguration der M=8 Signalvektoren

Das Sendesignal besitzt im Idealfall die Form:

$$s_i(t) = s_{i1} \sin \omega_c t + s_{i2} \cos \omega_c t \quad i = 0 \ldots 7 \quad . \tag{44.18}$$

Im Kanal überlagern sich additive Störungen, die einem weißen Gaußschen Störprozeß $n(t)$ entstammen und zu folgendem Repräsentanten $r(t)$ des gestörten Empfangsprozesses $r(t)$ führen:

$$r(t) = s_i(t) + n(t) \quad . \tag{44.19}$$

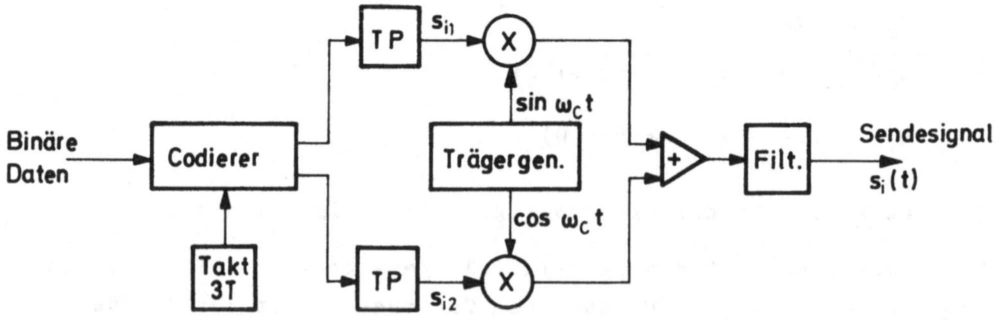

Bild 4.31 Blockschaltbild des Senders bzw. Modulators

Der Empfänger wird im Sinne des Maximum-a-posteriori Kriteriums optimiert, d.h. die Fehlerwahrscheinlichkeit

$$P(F) = P_i \cdot \sum_{i=0}^{7} P(F|M_i) = \frac{1}{8} \sum_{i=0}^{7} P(F|M_i) \qquad (44.20)$$

wird zum Minimum gemacht, wobei alle Zeichen bzw. Ereignisse M_i mit $P_i=1/8$ als gleichwahrscheinlich angenommen werden.

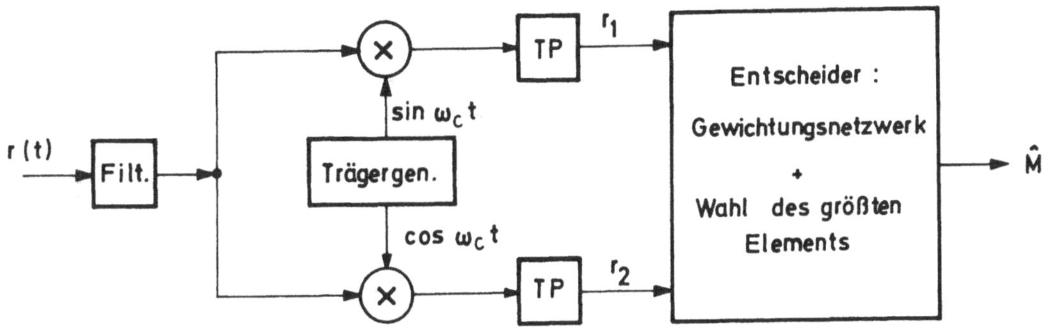

Bild 4.32 Struktur des Empfängers bzw. Demodulators

Die Struktur des Empfängers zeigt Bild 4.32, wobei das Filter am Eingang zur Rauschunterdrückung und Entzerrung dient. Die Tiefpässe (TP) sind die Matched Filter für die Signalformen, die im Sender die Vektorkomponenten s_{ij}, $j=1;2$ repräsentieren. Der Entscheider, der die Entscheidungsregel zur Minimierung der Fehlerwahrscheinlichkeit realisiert, die sich in der Form

$$\sum_{k=1}^{2} s_{ik} \cdot r_k - \frac{1}{2} E_{si} + \sigma^2 \ln P_i \overset{!}{=} \text{Max} \qquad i = 0 \dots 7 \qquad (44.21)$$

angeben läßt, enthält ein Gewichtungsnetzwerk für die Bildung der Summenausdrücke und ein Komparatornetzwerk zur Auswahl des größten unter den M=8 Eingangsgrößen, die die acht möglichen Signalvektoren repräsentieren. Weil die A-priori-Wahrscheinlichkeiten P_i alle gleich sind, brauchen sie in der Entscheidungsregel nicht berücksichtigt zu werden. Da die Signalenergie für die einzelnen

Signalvektoren jedoch verschieden ist, müssen die entsprechenden Terme berücksichtigt werden. Für diese gilt dann:

$$-\frac{1}{2} E_{si} = \begin{cases} -\frac{1}{2} s^2 & i = 1,\ 2,\ 4,\ 7 \\ -\frac{1}{9} s^2 & i = 0,\ 3,\ 5,\ 6 \quad . \end{cases} \tag{44.22}$$

Dies führt auf das in Bild 4.33 gezeigte Gewichtungsnetzwerk, wobei der gemeinsame Faktor s unberücksichtigt blieb. Die Größen,

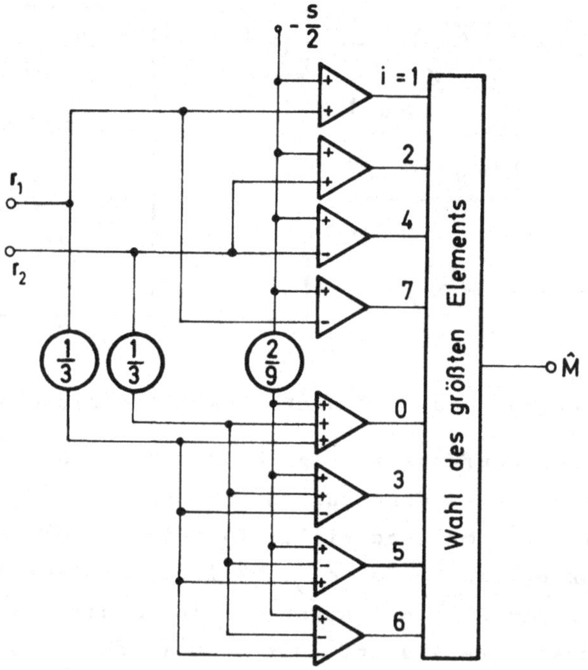

Bild 4.33 Gewichtungsnetzwerk mit Entscheider

aus denen der Entscheider das größte Element auswählt, sind dann

$$\begin{aligned} i = 1 &: \ r_1 - \frac{1}{2} s \qquad & i = 0 &: \ \frac{1}{3}(r_1 + r_2) - \frac{1}{9} s \\ 2 &: \ r_2 - \frac{1}{2} s \qquad & 3 &: \ \frac{1}{3}(-r_1 + r_2) - \frac{1}{9} s \end{aligned} \tag{44.23}$$

$$4 : -r_2 - \frac{1}{2} s \qquad 5 : \frac{1}{3}(r_1 - r_2) - \frac{1}{9} s$$

$$7 : -r_1 - \frac{1}{2} s \qquad 6 : \frac{1}{3}(-r_1 - r_2) - \frac{1}{9} s \quad .$$

Der größte Wert dieser Eingangsgrößen bestimmt den Schätzwert $\hat{M} = M_i$ für die gesendete Binärfolge.

4.4.2.1 Berechnung der Fehlerwahrscheinlichkeit P(F)

Die Fehlerwahrscheinlichkeit P(F) wird der einfacheren Rechnung wegen über die Wahrscheinlichkeit für korrekte Entscheidungen P(C) bestimmt und hat mit Bild 4.34 die Form:

$$P(F) = 1 - P(C) = 1 - \frac{1}{8} \sum_{i=0}^{7} P(C|M_i)$$

$$= 1 - \frac{1}{2} P(C|M_0) - \frac{1}{2} P(C|M_1) \quad . \qquad (44.24)$$

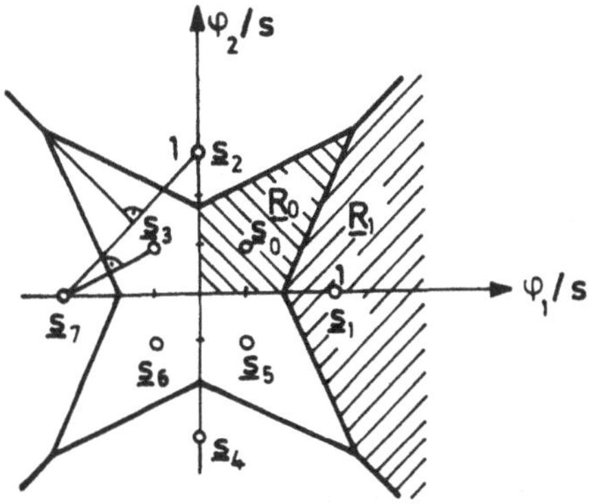

Bild 4.34 Optimale Entscheidungsräume $\underline{R}_i$

Für die Berechnung von $P(C|M_i)$ werden normierte Koordinaten $x = r_1/s$ bzw. $y = r_2/s$ eingeführt:

$$P(C|M_i) = \iint_{\underline{R}_i} f_{r_1 r_2}(r_1, r_2|M_i)\, dr_1 dr_2$$

$$= s^2 \iint_{\underline{R}_i'} f_{xy}(x, y|M_i)\, dxdy \quad . \qquad (44.25)$$

Mit $\underline{R}_i'$ wird hierbei der Entscheidungsraum bezeichnet, der durch Normierung der Koordinaten x und y aus $\underline{R}_i$ entsteht. Weiter gilt:

$$P(C|M_0) = \frac{s^2}{2\pi\sigma^2} \iint_{\underline{R}_0'} \exp(-\frac{s^2}{2\sigma^2}[(x-\frac{1}{3})^2 + (y-\frac{1}{3})^2])\, dxdy$$

$$P(C|M_1) = \frac{s^2}{2\pi\sigma^2} \iint_{\underline{R}_1'} \exp(-\frac{s^2}{2\sigma 2}[(x-1)^2 + y^2])\, dxdy \quad . \qquad (44.26)$$

Zur Auswertung der Integrale führt man Polarkoordinaten wie in (42.56) ein. Die Grenze zwischen den Entscheidungsräumen $\underline{R}_0$ und $\underline{R}_1$ folgt mit Bild 4.35 zu:

$$y = 2x - 7/6 \qquad æ(\alpha) \sin\alpha = 2æ(\alpha) \cos\alpha - 7/6$$

$$æ(\alpha) = \frac{7/6}{2\cos\alpha - \sin\alpha} \quad . \qquad (44.27)$$

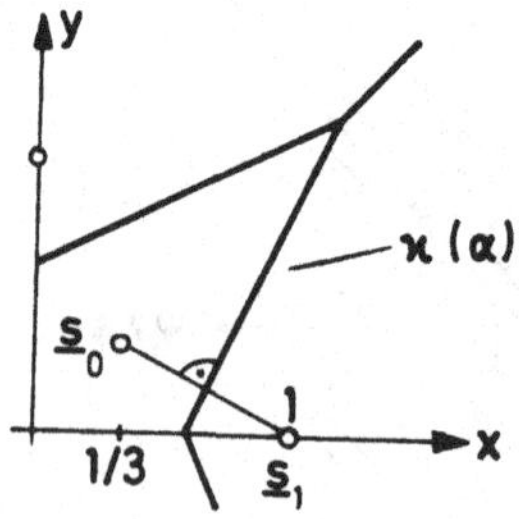

Bild 4.35 Grenze $æ(\alpha)$ zwischen $\underline{R}_0$ und $\underline{R}_1$

Damit folgt wegen der Symmetrie der Entscheidungsräume:

$$P(C|M_0) = 2 \cdot \frac{s^2}{2\pi\sigma^2} \cdot$$

$$\cdot \int_0^{\pi/4} \int_0^{æ(\alpha)} \exp(-\frac{s^2}{2\sigma^2}[(æ\cdot\cos\alpha-\frac{1}{3})^2+(æ\cdot\sin\alpha-\frac{1}{3})^2])æ\ dæd\alpha$$

$$= \frac{s^2}{\pi\sigma^2} \int_0^{\pi/4} \int_0^{æ(\alpha)} \exp((\frac{s^2}{2\sigma^2}[\frac{2}{3}æ(\cos\alpha+\sin\alpha)-æ^2-\frac{2}{9}])æ\ dæd\alpha$$

$$P(C|M_1) = 2 \cdot \frac{s^2}{2\pi\sigma^2} \cdot \tag{44.28}$$

$$\cdot \int_0^{\pi/4} \int_0^{æ(\alpha)} \exp(-\frac{s^2}{2\sigma^2}[(æ\cdot\cos\alpha-1)^2+(æ\cdot\sin\alpha)^2])æ\ dæd\alpha$$

$$= \frac{s^2}{\pi\sigma^2} \int_0^{\pi/4} \int_0^{æ(\alpha)} \exp((\frac{s^2}{2\sigma^2}[2æ\cdot\cos\alpha-æ^2-1])æ\ dæd\alpha \quad .$$

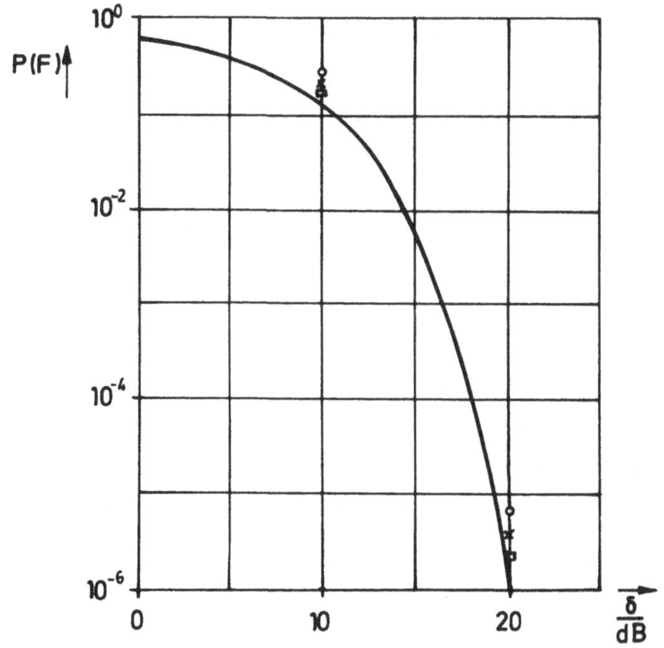

Bild 4.36 Fehlerwahrscheinlichkeit P(F) in Abhängigkeit vom Signal-zu-Rauschverhältnis δ für verschiedene Fälle

Die weitere Auswertung der Integrale ist nur numerisch möglich und führt für P(F) auf das in Bild 4.36 gezeigte Ergebnis für die optimalen Entscheidungsgebiete. Daneben sind noch andere, das Optimum approximierende Fälle angegeben. Für das Signal-zu-Rausch-Verhältnis wird dabei die Form

$$\frac{\delta}{\mathrm{dB}} = 10 \lg \frac{s^2}{2\sigma^2} \tag{44.29}$$

verwendet. Will man den hohen Rechenaufwand für die Bestimmung der minimalen Fehlerwahrscheinlichkeit P(F) umgehen, kann man mehrere Näherungsmethoden verwenden. Die erste verwendet statt der optimalen Entscheidungsgebiete vereinfachte mit rechtwinkligen Begrenzungslinien, wie sie Bild 4.37 zeigt.

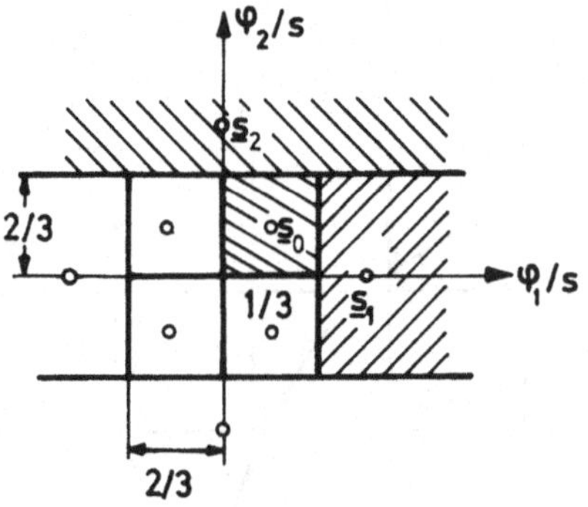

Bild 4.37 Vereinfachte Entscheidungsgebiete

Diese haben bei einer Realisierung des zugehörigen Empfängers auch den Vorteil, daß sie ohne Gewichtungsnetzwerk auskommen, wobei der nachfolgende nichtlineare Entscheideranteil allerdings in Form eines mehrstufigen Komparators erforderlich wird.

Für P(F) gilt mit der Q-Funktion und den normierten Störkomponenten $n_1' = n_1/s$ und $n_2' = n_2/s$

$$P(F) = 1 - P(C) = 1 - \frac{1}{2} P(C|s_0) - \frac{1}{4} P(C|s_1) - \frac{1}{4} P(C|s_2)$$

$$= 1 - \frac{1}{2} P\{-\frac{1}{3} \le n_1' \le \frac{1}{3},\ -\frac{1}{3} \le n_2' \le \frac{1}{3}\}$$

$$- \frac{1}{4} P\{-\frac{1}{3} \le n_1' \le \infty,\ -\frac{2}{3} \le n_2' \le \frac{2}{3}\}$$

$$- \frac{1}{4} P\{-\frac{1}{3} \le n_2' \le \infty\}$$

$$= 1 - \frac{1}{2}(1-2Q(\frac{s}{3\sigma}))^2 - \frac{1}{4}(1-Q(\frac{s}{3\sigma}))(1-2Q(\frac{2s}{3\sigma})) - \frac{1}{4}(1-Q(\frac{s}{3\sigma}))$$

$$= Q(\frac{s}{3\sigma}) \cdot (\frac{5}{2} - 2Q(\frac{s}{3\sigma}) + \frac{1}{2} Q(\frac{2s}{3\sigma})) + \frac{1}{2} Q(\frac{2s}{3\sigma}) \quad . \qquad (44.30)$$

In Bild 4.36 sind die Werte von P(F) für δ=10 dB und δ=20 dB durch das kastenförmige Symbol charakterisiert.

Als zweite Abschätzmöglichkeit wird die Spherical-Bound-Methode nach (42.59) verwendet. Die dazu benötigten Kreisgebiete als eingeschränkte Entscheidungsgebiete für korrekte Entscheidungen zeigt Bild 4.38.

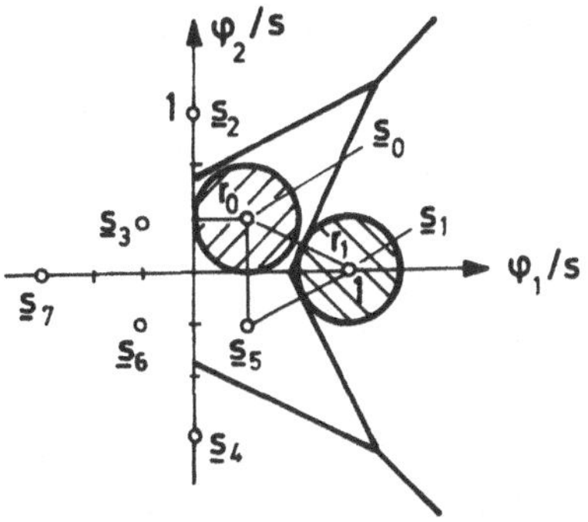

Bild 4.38 Beschränkung der Entscheidungsgebiete für korrekte Entscheidungen auf Kreisflächen

Mit den Radien r_0=1/3 und $r_1=(5/6)^{\frac{1}{2}}$ liefert dies für P(F):

$$P(F) = 1 - P(C) < 1 - \frac{1}{2}(1-\exp(-\frac{s^2}{18\sigma^2})) - \frac{1}{2}(1-\exp(-\frac{5s^2}{72\sigma^2})) \quad . \qquad (44.31)$$

Für δ=10 dB und δ=20 dB wurden die Werte, durch o markiert, in Bild 4.36 eingezeichnet.

Zuletzt wird die Union-Bound-Methode nach (43.52) zur Abschätzung der Fehlerwahrscheinlichkeit P(F) betrachtet. Dabei gilt wegen der gleichen Wahrscheinlichkeit aller Ereignisse:

$$P(F) = \frac{1}{8} \sum_{i=0}^{7} P(F|M_i) = \frac{1}{2} P(F|M_0) + \frac{1}{2} P(F|M_1) \quad , \tag{44.32}$$

wobei $P(F|M_i)$ nach oben abgeschätzt wird:

$$P(F|M_i) \le \sum_{\substack{j=0 \\ j \neq i}}^{7} P(F_{ij}) = \sum_{\substack{j=0 \\ j \neq i}}^{7} P\{n > \tfrac{1}{2} \cdot |\underline{s}_j - \underline{s}_i|\} \quad . \tag{44.33}$$

Für $P(F|M_0)$ erhält man die Abstände:

$$\begin{aligned} |\underline{s}_1 - \underline{s}_0| &= |\underline{s}_2 - \underline{s}_0| = \frac{(5)^{\frac{1}{2}}}{3} \cdot s \\ |\underline{s}_3 - \underline{s}_0| &= |\underline{s}_5 - \underline{s}_0| = \frac{2}{3} \cdot s \\ |\underline{s}_4 - \underline{s}_0| &= |\underline{s}_7 - \underline{s}_0| = \frac{(17)^{\frac{1}{2}}}{3} \cdot s \\ |\underline{s}_6 - \underline{s}_0| &= \frac{2 \cdot (2)^{\frac{1}{2}}}{3} \cdot s \end{aligned} \tag{44.34}$$

und die Abschätzung:

$$P(F|M_0) \le 2Q\left(\frac{(5)^{\frac{1}{2}} s}{6\sigma}\right) + 2Q\left(\frac{s}{3\sigma}\right) + 2Q\left(\frac{(17)^{\frac{1}{2}} s}{6\sigma}\right) + Q\left(\frac{(2)^{\frac{1}{2}} s}{3\sigma}\right) \quad . \tag{44.35}$$

Für $P(F|M_1)$ gilt entsprechend:

$$|\underline{s}_0 - \underline{s}_1| = |\underline{s}_5 - \underline{s}_1| = \frac{(5)^{\frac{1}{2}}}{3} \cdot s$$

$$|\underline{s}_2-\underline{s}_1| = |\underline{s}_4-\underline{s}_1| = (2)^{\frac{1}{2}} \cdot s$$

$$|\underline{s}_3-\underline{s}_1| = |\underline{s}_6-\underline{s}_1| = \frac{(17)^{\frac{1}{2}}}{3} \cdot s \qquad (44.36)$$

$$|\underline{s}_7-\underline{s}_1| = 2\cdot s$$

und für die Abschätzung:

$$P(F|M_1) \le 2Q(\frac{(5)^{\frac{1}{2}}s}{6\sigma}) + 2Q(\frac{(2)^{\frac{1}{2}}s}{2\sigma}) + 2Q(\frac{(17)^{\frac{1}{2}}s}{6\sigma}) + Q(\frac{s}{\sigma}) \quad . \qquad (44.37)$$

Damit folgt für P(F):

$$P(F) \le 2Q(\frac{(5)^{\frac{1}{2}}s}{6\sigma}) + Q(\frac{s}{3\sigma}) + Q(\frac{s}{(2)^{\frac{1}{2}}\sigma}) + 2Q(\frac{(17)^{\frac{1}{2}}s}{6\sigma}) + \frac{1}{2}\,Q(\frac{(2)^{\frac{1}{2}}s}{3\sigma}) + \frac{1}{2}\,Q(\frac{s}{\sigma}) \quad . \qquad (44.38)$$

Bild 4.36 zeigt für δ=10 dB und δ=20 dB die Werte von P(F) durch das Symbol x markiert. Man erkennt daraus, das die Abschätzung durch die suboptimalen Entscheidungsgebiete am besten ist, es folgt die Abschätzung durch die Union-Bound-Methode gefolgt von der am einfachsten auszuwertenden Spherical-Bound-Methode.

4.5 Zusammenfassung

Bei der Signalerkennung oder Detektion kennt man drei Kriterien: das Bayes-Kriterium, das Neyman-Pearson-Kriterium und das Kriterium nach dem Maximum-a-posteriori-Prinzip (MAP). Am wichtigsten ist das Kriterium nach dem MAP-Prinzip, bei dem die Fehlerwahrscheinlichkeit zum Minimum gemacht wird. Die beiden anderen Kriterien spielen nur bei Sonderfällen der Detektion - z.B. in der Radartechnik und Mustererkennung - eine Rolle. Der Grund dafür liegt an der Schwierigkeit, sinnvolle Kosten für die vielen möglichen Entscheidungen (Bayes-Kriterium) bzw. mehrere Arten von Fehlalarmwahrscheinlichkeiten bei multipler Detektion anzugeben. Bei allen Kriterien wird bei binärer Detektion das Likelihood-Verhältnis gebildet, das mit einer vom Kriterium abhängigen Schwelle zu vergleichen ist.

Bei multipler Detektion wird die Entscheidungsregel bei Gaußschen Störungen und gleichen A-priori-Wahrscheinlichkeiten für das Kriterium nach dem MAP-Prinzip besonders einfach: Man bestimmt den Abstand zwischen dem gestörten Empfangsvektor und allen Signalvektoren und entscheidet, daß dasjenige Signal gesendet wurde, dessen Vektor den geringsten Abstand zum Empfangsvektor besitzt. Die Fehlerwahrscheinlichkeit hängt nur von der relativen Lage der Signalvektoren zueinander, nicht jedoch vom Abstand zum Koordinatenursprung ab. Diesen Freiheitsgrad nutzt man dazu aus, um bei vorgegebener Fehlerwahrscheinlichkeit diejenige Konfiguration von Signalvektoren zu finden, welche die minimale mittlere Signalenergie liefert. Als besonders günstig erweisen sich dabei die Simplex-Signale. Eine allgemeine Aussage in dieser Hinsicht ist allerdings nicht möglich, da noch weitere Gesichtspunkte eine Rolle spielen. Möchte man z.B. in einem Raum vorgegebener Dimension möglichst viele Signale unterbringen, sind die Signale an den Ecken eines Hyperwürfels am günstigsten, obwohl hier i.a. nicht die niedrigste Fehlerwahrscheinlichkeit bei vorgegebenem Signal-zu-Rausch-Verhältnis erzielbar ist. Die niedrige Dimension ist aber immer dann wünschenswert, wenn die Realisierung des Empfängers bezüglich der erforderlichen Eingangsfilter möglichst wenig Aufwand erfordern soll.

Die Berechnung der erzielten Fehlerwahrscheinlichkeit ist bei den einzelnen Signaltypen recht aufwendig und i.a. nicht in geschlossener Form möglich. Zur Abschätzung stehen jedoch Formeln zur Verfügung, die bei Gaußschen Störungen einfach zu handhaben sind und eine obere Schranke der Fehlerwahrscheinlichkeit angeben. Mit wachsender Anzahl der Ereignisse bzw. Signale und zunehmendem Signal-zu-Rausch-Verhältnis nimmt die Übereinstimmung dieser Schranke mit der Fehlerwahrscheinlichkeit zu. Neben der hier betrachteten Abschätzung der Fehlerwahrscheinlichkeit gibt es noch weitere Ansätze [23].

Empfänger für die Detektion sind Korrelationsempfänger, die sich mit Hilfe von Matched-Filtern, d.h. an die Form der verwendeten Signale angepaßten Filtern realisieren lassen. Von der Anzahl der Signale, der Dimension der Signalvektoren und der Gleich- bzw. der Ungleichheit der A-priori-Wahrscheinlichkeit und der Signalenergien hängt der Aufwand bei der Realisierung dieser Empfänger ab.

Prinzipien der Detektion finden in vielen Bereichen Anwendung: der Radartechnik, der Datenübertragung usw. Bei der Datenübertragung lassen sich mit Hilfe der Fehlerwahrscheinlichkeit als Optimalitätskriterium die geeignetsten Modulationsverfahren herausfinden, die Strukturen der Sender und Empfänger sind daraus ableitbar und der Verlust an Fehlerwahrscheinlichkeit bei suboptimalen Empfängerstrukturen ist abschätzbar. Schließlich lassen sich Modulationsverfahren herleiten, die bisher in Analogtechnik kaum realisierbar sind, von der Detektionstheorie her aber sehr gute Eigenschaften besitzen und sich im Zuge der Digitalisierung von Übertragungsverfahren auch realisieren lassen.

5. Parameterschätzung (Estimation)

Im Modell des Nachrichtenübertragungssystems nach Bild 1.2 liefert die Quelle ein Ereignis M, das einem Parameterraum entstammt. Im Gegensatz zum Detektionsproblem, bei dem man eine bestimmte Anzahl diskreter Ereignisse M_i unterscheidet, kann M hier irgendeinen beliebigen Wert innerhalb eines Intervalls annehmen. Als Folge des Ereignisses - z.B. nimmt die Temperatur an einer Meßstelle einen bestimmten Wert an oder die Durchflußmenge in einer Zuleitung ändert sich - erzeugt der Sender ein Signal s(t,a). Der Parameterwert a, der das Ereignis M im Signal s(t,a) kennzeichnet, ist z.B. die Amplitude des Sendesignals und kann in einem Intervall liegen, das bis $\pm\infty$ reicht.

Nach der Kenntnis der A-priori-Eigenschaften des Ereignisses M bzw. des zu schätzenden Parameterwertes a unterscheidet man zwei Arten von Estimationsproblemen:

a) der Parameterwert a ist die Realisierung einer Zufallsvariablen **a**, deren Dichte $f_{\mathbf{a}}(a)$ man kennt

b) der Parameterwert a ist eine unbekannte Größe, über die nichts weiter bekannt ist, die also im Intervall $-\infty<a<+\infty$ liegen kann. Wollte man eine Dichte $f_{\mathbf{a}}(a)$ für diesen "worst case" angeben, erhielte man eine Gleichverteilung, die wegen (21.2) im Intervall $-\infty<a<+\infty$ den Wert Null hätte.

Im Übertragungskanal überlagert sich dem Signal s(t,a) die Störung n(t), die Realisierung eines Zufallsprozesse **n**(t)

$$r(t) = s(t,a) + n(t) \quad , \tag{5.1}$$

wobei das gestörte Empfangssignal r(t) auch hier durch einen Vektor $\underline{r}$ wie bei der Detektion dargestellt werden soll. Tritt das Schätzproblem in Verbindung mit dem Detektionsproblem auf, wird die orthonormale Basis $p_j(t)$, $j=1...N$ wie bei der Detektion gewonnen. Trifft dies nicht zu, kann man irgendeine orthonormale Basis nach den Gesichtspunkten von Kapitel 3, d.h. in Abhängigkeit vom vorhandenen Störprozeß n(t) wählen. Für beliebige Prozesse ließe sich die Karhunen-Loève-Entwicklung, bei weißem Rauschen aber auch die technisch einfach realisierbare Abtastung der Signale verwenden.

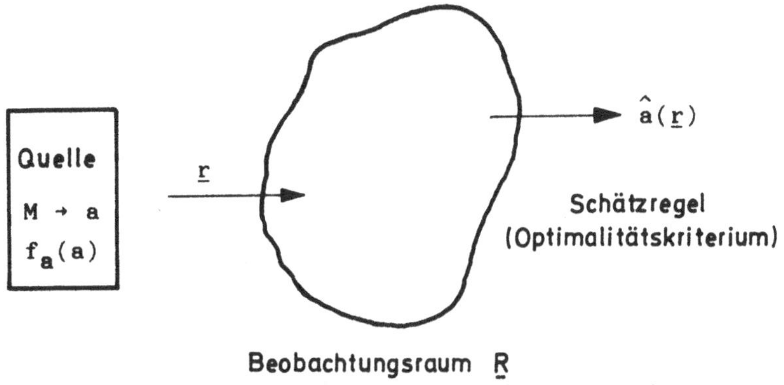

Bild 5.1 Aufgabenstellung bei der Parameterschätzung

Der Empfänger hat die Aufgabe, für den Parameterwert a einen Schätzwert $\hat{a}$ nach Bild 5.1 zu ermitteln. Dazu stehen die Komponenten r_i, $i=1...N$ des gestörten Empfangsvektors $\underline{r}$ zur Verfügung, so daß der Schätzwert eine Funktion von $\underline{r}$ wird:

$$\hat{a} = f(r_1, r_2, \ldots, r_N) = \hat{a}(\underline{r}) \quad . \tag{5.2}$$

Weil sich dem Sendesignal nach (5.1) eine Musterfunktion n(t) des Störprozesses n(t) überlagert, kann a nicht exakt durch $\hat{a}(\underline{r})$ ermittelt werden. Die Komponenten r_i sind Realisierungen von Zufallsvariablen, so daß dies auch für den Schätzwert gilt, d.h. $\hat{a}(\underline{r})$ ist die Realisierung einer Zufallsvariablen $\hat{a}=\hat{a}(\underline{r})$, deren

Eigenschaften man mit ihrer Dichtefunktion beschreiben kann. Diese Dichtefunktion erlaubt es, etwas über die Güte der Schätzung auszusagen, die vom Schätzfehler

$$e = \hat{a}(\underline{r}) - a \quad . \tag{5.3}$$

abhängt. Im Bild 5.2 sind zwei dieser Dichtefunktionen für verschiedene Empfänger angegeben, deren Unterschied sich in der Funktion f in (5.2) ausdrückt. Offensichtlich ist der mit "Schätzung 2" bezeichnete Empfänger besser als der andere, da die zugehörige Dichtefunktion schmäler ist, so daß im Mittel der Schätzwert näher bei dem zu schätzenden Wert liegt bzw. daß der Fehler nach (5.3) im Mittel kleiner wird.

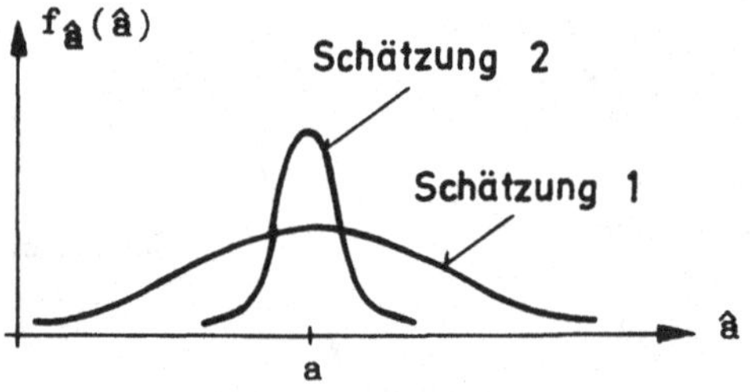

Bild 5.2 Dichtefunktionen für einen Schätzwert, der durch zwei verschiedene Empfänger ermittelt wird

Um diesen Unterschied quantitativ zu erfassen, kann man verschiedene Wege beschreiten. Eine Möglichkeit besteht darin, nach der Wahrscheinlichkeit zu fragen, mit der sich der Schätzwert in einem vorgegebenen Intervall um den wahren Wert befindet. Man spricht in diesem Fall von einem Konfidenzintervall [14]. Ein derartiges Intervall ist in Bild 5.3 dargestellt. Hier wurde vorausgesetzt, daß der Schätzwert sich im Intervall

$$a-\Delta_1 \leq \hat{a}(\underline{r}) \leq a+\Delta_2 \tag{5.4}$$

befindet. Die Wahrscheinlichkeit, mit der das zutrifft, ist

$$P\{-\Delta_1 \leq \hat{a}(\underline{r})-a \leq \Delta_2\} = 1 - \beta \quad . \tag{5.5}$$

Man nennt den Wert dieser Wahrscheinlichkeit auch Konfidenz- oder Signifikanzzahl. In der Regel gibt man sich einen bestimmten Wert dieser Zahl in der Nähe von 1 vor, z.B. 0,95 oder 0,99, und fragt danach, wie weit in diesen Fällen das Konfidenzintervall ist.

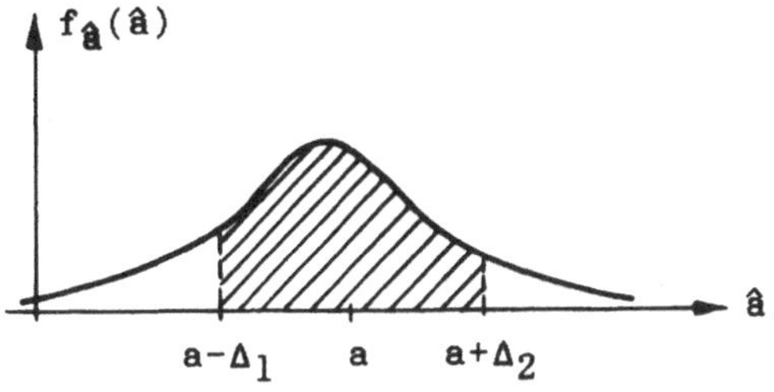

Bild 5.3 Konfidenzintervall für einen Schätzwert

Bei vorgegebener Signifikanzzahl wird das Konfidenzintervall umso schmäler, je kleiner die Varianz des Schätzwerts ist. Dies trifft allerdings nur dann zu, wenn der Schätzwert im Mittel mit dem zu schätzenden Wert übereinstimmt. Man bezeichnet in diesem Fall den Schätzwert als **erwartungstreu** oder im Englischen als unbiased. Wenn der Parameter eine Zufallsvariable mit bekannter Dichte $f_{\mathbf{a}}(a)$ ist, gilt bei Erwartungstreue [11]:

$$E(\hat{a}(\underline{r})) = \iint_{-\infty}^{+\infty} \int_{-\infty}^{+\infty} \hat{a}(\underline{r})\; f_{\underline{\mathbf{r}},\mathbf{a}}(\underline{r},a)\; d\underline{r}\; da$$

$$\overset{!}{=} E(\mathbf{a}) = \int_{-\infty}^{+\infty} a\; f_{\mathbf{a}}(a)\; da \quad . \tag{5.6}$$

Der Erwartungswert ist hier ein mehrfaches Integral, wobei das N-fache Integral über $\underline{r}$ durch ein Doppelintegralzeichen dargestellt wird. Die entsprechende Bedingung für den Parameter, über den nichts weiter bekannt ist, lautet:

$$E(\hat{a}(\underline{r})\,|\,a) = \iint_{-\infty}^{+\infty} \hat{a}(\underline{r})\; f_{\underline{\mathbf{r}}|\mathbf{a}}(\underline{r}\,|\,a)\; d\underline{r} \overset{!}{=} a \quad . \tag{5.7}$$

Nicht immer werden die Bedingungen (5.6) bzw. (5.7) erfüllt sein. Es könnte auf der rechten Seite der Bedingungen z.B. ein additiver konstanter Term b hinzukommen, eine im Englischen als bias bezeichnete Größe. In diesem Fall kann man die Schätzung erwartungstreu machen, indem man den Term b vom Schätzwert subtrahiert. Ein weiterer Fall ergibt sich dann, wenn der additive Term in der Form b(a) vom Parameter abhängt. In diesem Fall müßte man den Schätzwert für a in diesen Term einsetzen, um näherungsweise eine erwartungstreue Schätzung zu erhalten. Exakte Erwartungstreue ist in diesem Fall aber nicht herstellbar.

Neben dem Kriterium der Erwartungstreue dient die bereits erwähnte Varianz des Schätzwerts als Gütekriterium. Falls der Parameter eine Zufallsvariable ist, gilt für die Varianz:

$$\begin{aligned} Var(\hat{a}(\underline{r})) &= E((\hat{a}(\underline{r})-E(\hat{a}(\underline{r}))^2) \\ &= \iint_{-\infty}^{+\infty} \int_{-\infty}^{+\infty} (\hat{a}(\underline{r})-E(\hat{a}(\underline{r}))^2 \, f_{\underline{r},a}(\underline{r},a) \, d\underline{r} \, da \quad . \end{aligned} \tag{5.8}$$

Wenn der Parameter eine unbekannte Größe ist, d.h. man seine Dichte nicht kennt, gilt entsprechend:

$$\begin{aligned} Var(\hat{a}(\underline{r})|a) &= E((\hat{a}(\underline{r})-E(\hat{a}(\underline{r})|a))^2|a) \\ &= \iint_{-\infty}^{+\infty} (\hat{a}(\underline{r})-E(\hat{a}(\underline{r})|a))^2 \, f_{\underline{r}|a}(\underline{r}|a) \, d\underline{r} \quad . \end{aligned} \tag{5.9}$$

Bei Erwartungstreue vereinfachen sich die Ausdrücke zu:

$$Var(\hat{a}(\underline{r})) = \iint_{-\infty}^{+\infty} \int_{-\infty}^{+\infty} (\hat{a}(\underline{r})-E(a))^2 \, f_{\underline{r},a}(\underline{r},a) \, d\underline{r} \, da \tag{5.10}$$

bzw. zu:

$$Var(\hat{a}(\underline{r})|a) = \iint_{-\infty}^{+\infty} (\hat{a}(\underline{r})-a)^2 \, f_{\underline{r}|a}(\underline{r}|a) \, d\underline{r} \quad . \tag{5.11}$$

Schätzwerte, die ein Mimimum der Varianz nach (5.8) oder (5.9) bzw. (5.10) oder (5.11) liefern, erfüllen das Kriterium der **Wirksamkeit**. Im Englischen bezeichnet man ein wirksamen Schätzwert als efficient estimate. Es wird später gezeigt, wo das

Mimimum der Varianz eines jeden Schätzproblems liegt, so daß man stets beurteilen kann, ob ein Schätzwert wirksam ist oder nicht. Neben den Kriterien Erwartungstreue und Wirksamkeit dient ein drittes Kriterium, das der **Konsistenz**, zur Beurteilung der Güte eines Schätzwerts. Dabei geht man davon aus, daß zur Bestimmumg des Schätzwerts $\hat{a}(\underline{r})$ ein N-dimensionaler Vektor $\underline{r}$ zur Verfügung steht, dessen Komponenten alle den Parameterwert a enthalten. Ein Schätzverfahren nennt man dann konsistent, wenn die Wahrscheinlichkeit dafür, daß $\hat{a}(\underline{r})$ und a bei gegebenem Parameterwert a voneinander abweichen, mit wachsender Zahl N der Komponenten von $\underline{r}$ gegen Null konvergiert:

$$\lim_{N\to\infty} P\{|\hat{a}(\underline{r})-a| > \varepsilon\} = 0 \qquad \varepsilon > 0, \text{ beliebig} \quad . \tag{5.12}$$

Konsistenz wird bei einer Schätzung sicher nur dann erreicht, wenn die Varianz des Schätzwerts mit wachsendem N nach Null konvergiert.

Bei den folgenden Betrachtungen sollen die Schätzverfahren stets nach den oben genannten Gütekriterien beurteilt werden.

Die Grenze zwischen Parameterschätzung und Signalerkennung ist fließend, wie folgendes Beispiel zeigt: Es sei angenommen, daß der Parameter a z.B. als binär kodierte Zahl mit endlich vielen Stellen gesendet wird. Der Empfänger soll diese Zahl möglichst genau schätzen. Dies kann man also als Schätzproblem auffassen. Weil die Zahl aber wegen der endlichen Stellenlänge nur endlich viele Werte annehmen kann, ist die Interpretation als Detektion möglich: Der Empfänger soll mit möglichst geringem Fehler entscheiden, welchem Intervall auf der Zahlengeraden, d.h. welcher Digitalzahl er die empfangene gestörte Zahl zuzuordnen hat.

Zum Entwurf des Empfängers für die Parameterschätzung ist wie bei der Detektion ein Optimalitätskriterium erforderlich. Deshalb sollen in Anlehnung an die Ergebnisse bei der Detektion einige Optimalitätskriterien diskutiert werden, wobei zu beachten ist, daß zum einen die Dichte des zu schätzenden Parameters bekannt ist, zum anderen nicht.

5.1 Schätzung von Parametern mit bekannter Dichtefunktion (Bayes-Kriterium)

Bei der Detektion wird an Hand des Bayes-Kriteriums das Risiko bei der Entscheidung für eine der Hypothesen zum Minimum gemacht. Das Risiko ist der Mittelwert der auftretenden Kosten und hängt nach (41.1) von

1. den Kosten C_{ij},
2. den A-priori-Wahrscheinlichkeiten P_j der Ereignisse M_j und
3. den Übergangswahrscheinlichkeiten $P(H_i|M_j)$

ab. Den M möglichen Ereignissen M_j und M Hypothesen H_i entsprechend umfaßt das Risiko M^2 Terme.

Weil beim Estimationsproblem das Ereignis M aus einem Parameterraum stammt, sind der Parameterwert a und sein Schätzwert $\hat{a}$ kontinuierliche Werte. Daraus ergeben sich Modifikationen für die drei Bestimmungsstücke des Risikos, wenn man es auf die Estimation bezieht.

Statt der diskreten Kosten C_{ij} bei der Deteketion benötigt man eine kontinuierliche Kostenfunktion $C(\hat{a},a)$. Meist interessiert nur der Fehler e nach (5.3), so daß die Kostenfunktion C(e) nur von e abhängt. Um die Schätzregel des Empfängers zu bestimmen, muß man konkrete Annahmen über C(e) machen. Es sind drei Funktionen gebräuchlich. Bei der Funktion nach Bild 5.4 wird das Quadrat des Fehlers e betrachtet:

$$C(e) = e^2 = (\hat{a} - a)^2 \quad . \tag{51.1}$$

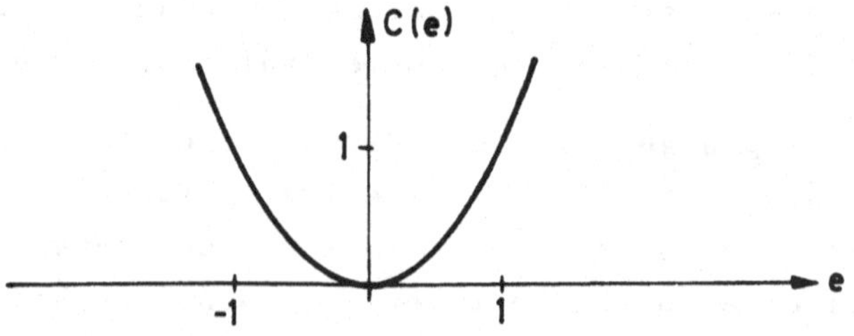

Bild 5.4 Kostenfunktion nach (51.1)

Man bezeichnet sie als Kostenfunktion des quadratischen Fehlers. Hierbei werden große Fehler besonders stark gewichtet. Bild 5.5 zeigt die Kostenfunktion des absoluten Fehlers:

$$C(e) = |e| = |\hat{a} - a| \quad . \tag{51.2}$$

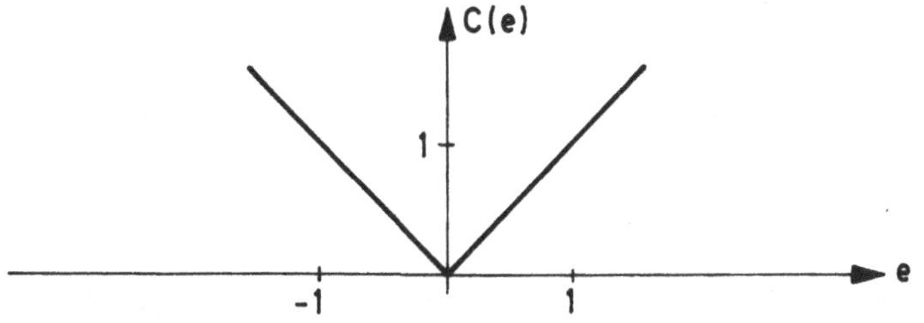

Bild 5.5 Kostenfunktion nach (51.2)

Bild 5.6 zeigt eine Kostenfunktion, die alle Fehler, die eine vorgegebene Grenze überschreiten, gleich bewertet. Wenn der absolute Fehler die Grenze Δ/2 unterschreitet, wird er als vernachlässigbar angesehen:

$$C(e) = \begin{cases} 0 & \text{für } |\hat{a}-a| \le \frac{\Delta}{2} \\ 1 & \text{für } |\hat{a}-a| > \frac{\Delta}{2} \end{cases} \tag{51.3}$$

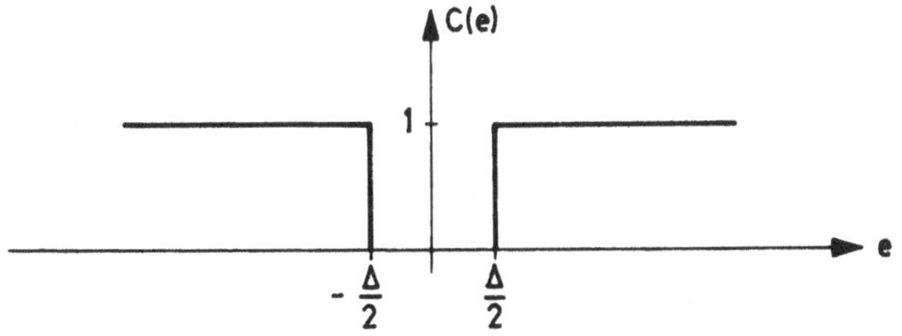

Bild 5.6 Kostenfunktion nach (51.3)

In Abhängigkeit vom Estimationsproblem kann man weitere Kostenfunktionen definieren. Von der Kostenfunktion hängt der Entwurf der Schätzeinrichtung ab. Eine Änderung der Kostenfunktion bedingt also eine Änderung der Schätzeinrichtung. Es zeigt sich aber, daß unter bestimmten Voraussetzungen eine einzige Schätzeinrichtung für alle drei Kostenfunktionen nach (51.1), (51.2) und (51.3) optimal ist.

Statt der A-priori-Wahrscheinlichkeiten P_i beim Detektionsproblem braucht man hier die A-priori-Dichtefunktion $f_a(a)$ des Parameters a, einer Zufallsvariablen. Wenn $f_a(a)$ nicht bekannt ist, kann man eine dem Mini-Max-Empfänger (siehe Abschnitt 4.1.2) entsprechende Schätzeinrichtung gewinnen. Meist wird der zu schätzende Parameter in einem bestimmten Intervall liegen. Den gleichen A-priori-Wahrscheinlichkeiten des Detektionsproblems entspricht hierfür eine Gleichverteilung in diesem Intervall.

Den bedingten Dichtefunktionen $f_{\underline{r}|M_i}(\underline{r}|M_i)$ bei der Detektion entspricht beim Estimationsproblem die bedingte Dichtefunktion $f_{\underline{r}|a}(\underline{r}|a)$. Wenn Kostenfunktion $C(\hat{a}-a)$, A-priori-Dichte $f_a(a)$ und bedingte Dichte $f_{\underline{r}|a}(\underline{r}|a)$ bekannt sind, läßt sich das Risiko als Erwartungswert der Kosten berechnen:

$$R = E(C(e)) = E(C(\hat{a}(\underline{r})-a))$$

$$= \int_{-\infty}^{+\infty} \iint_{-\infty}^{+\infty} C(\hat{a}(\underline{r})-a)\; f_{a,\underline{r}}(a,\underline{r})\; d\underline{r}\; da \quad . \tag{51.4}$$

Die Verbunddichte $f_{a,\underline{r}}(a,\underline{r})$ läßt sich aus der Dichte $f_a(a)$ des Parameters und der bedingten Dichte $f_{\underline{r}|a}(\underline{r}|a)$ bestimmen:

$$f_{a,\underline{r}}(a,\underline{r}) = f_{\underline{r}|a}(\underline{r}|a)\cdot f_a(a) \quad . \tag{51.5}$$

Das Risiko R in (51.4) ist nun durch Wahl eines geeigneten Repräsentanten $\hat{a}(\underline{r})$ von $\hat{a}(\underline{r})$ zu einem Minimum zu machen, wobei $\hat{a}$ die für das Minimum erforderliche Verarbeitungsvorschrift für den aktuellen Empfangsvektor oder Meßvektor $\underline{r}$ darstellt. Um das optimale $\hat{a}(\underline{r})$ zu bestimmen, sollen die Kostenfunktionen nach (51.1), (51.2) und (51.3) in (51.4) eingesetzt werden. Weil das Minimum von R als Funktion von $\hat{a}(\underline{r})$ zu suchen ist, sollen vor der Suche des Minimums die nur von $\underline{r}$ abhängigen Terme in (51.4) von den übrigen getrennt werden. Die Bayes-Regel liefert hierzu die passende Umformung:

$$f_{a,\underline{r}}(a,\underline{r}) = f_{a|\underline{r}}(a|\underline{r}) \cdot f_{\underline{r}}(\underline{r}) \quad . \tag{51.6}$$

Für (51.4) folgt damit:

$$R = \iint_{-\infty}^{+\infty} \left[\int_{-\infty}^{+\infty} C(\hat{a}(\underline{r})-a) \; f_{a|\underline{r}}(a|\underline{r}) \; da \right] f_{\underline{r}}(\underline{r}) \; d\underline{r} \quad . \tag{51.7}$$

Das Risiko R wird zu einem Minimum, wenn das innere Integral zu einem Minimum wird, weil die Dichtefunktion $f_{\underline{r}}(\underline{r})$ positiv ist, so daß das innere Integral nur gewichtet wird. Bei den folgenden Untersuchungen für die drei Kostenfunktionen braucht deshalb nur das Integral

$$I(\underline{r}) = \int_{-\infty}^{+\infty} C(\hat{a}(\underline{r})-a) \; f_{a|\underline{r}}(a|\underline{r}) \; da \tag{51.8}$$

betrachtet zu werden. Es muß als Funktion von $\hat{a}(\underline{r})$ zu einem Minimum werden.

5.1.1 Kostenfunktion des quadratischen Fehlers

Mit (51.1) gilt für (51.8):

$$I(\underline{r}) = \int_{-\infty}^{+\infty} (\hat{a}(\underline{r})-a)^2 \; f_{a|\underline{r}}(a|\underline{r}) \; da \quad . \tag{51.9}$$

Um das Minimum zu finden, bildet man die erste Ableitung bezüglich $\hat{a}=\hat{a}(\underline{r})$:

$$\frac{d}{d\hat{a}} I(\underline{r}) = 2 \cdot \hat{a}(\underline{r}) \int_{-\infty}^{+\infty} f_{a|\underline{r}}(a|\underline{r}) \; da$$

$$- 2 \int_{-\infty}^{+\infty} a \; f_{a|\underline{r}}(a|\underline{r}) \; da = 0 \quad . \tag{51.10}$$

Mit

Tab. 5.1 Optimaler Schätzwert $\hat{a}(\underline{r})$ der Parameterestimation

Parameterestimation

Der Parameter a ist eine Zufallsvariable mit bekannter Dichtefunktion (Bayes-Kriterium)

Gestörter Empfangsvektor (Repräsentant):	$\underline{r}$
Parameter (Repräsentant):	a
Schätzwert von a mit Hilfe von $\underline{r}$:	$\hat{a} = \hat{a}(\underline{r})$
Fehler:	$e = \hat{a}(\underline{r}) - a$
Kostenfunktion:	$C(e)$
Bedingte Dichte von a:	$f_{a\|\underline{r}}(a\|\underline{r})$
Dichte von $\underline{r}$:	$f_{\underline{r}}(\underline{r})$

Risiko

$$R = \iint_{-\infty}^{+\infty} \left[\int_{-\infty}^{+\infty} C(\hat{a}(\underline{r})-a)\; f_{a|\underline{r}}(a|\underline{r})\; da \right] f_{\underline{r}}(\underline{r})\; d\underline{r}$$

Durch Wahl des optimalen Schätzwertes $\hat{a}(\underline{r})$ wird R zum Minimum gemacht (Kenntnis von $f_{\underline{r}}(\underline{r})$ dazu nicht nötig).

Anteil des Risikos R, der von $\hat{a}(\underline{r})$ abhängt:

$$I(\underline{r}) = \int_{-\infty}^{+\infty} C(\hat{a}(\underline{r})-a)\; f_{a|\underline{r}}(a|\underline{r})\; da \quad .$$

Der optimale Schätzwert $\hat{a}(\underline{r})$ minimiert $I(\underline{r})$ und R.

Das optimale $\hat{a}(\underline{r})$ und die zugehörige Schätzeinrichtung hängen i.a. von der Kostenfunktion ab.

$$\int_{-\infty}^{+\infty} f_{a|\underline{r}}(a|\underline{r})\ da = 1 \tag{51.11}$$

folgt, daß für

$$\hat{a}(\underline{r}) = \int_{-\infty}^{+\infty} a\ f_{a|\underline{r}}(a|\underline{r})\ da \tag{51.12}$$

das Integral in (51.9) ein Extremum annimmt. Es handelt sich um ein Minimum, weil die zweite Ableitung den Wert 2 annimmt. Der optimale Schätzwert ist nach (51.12) gleich dem Mittelwert der Zufallsvariablen a unter der Bedingung, daß ein Vektor $\underline{r}$ empfangen wurde. Weil bei der Berechnung des Mittelwertes die A-posteriori-Dichte $f_{a|\underline{r}}(a|\underline{r})$ verwendet wurde, kann man $\hat{a}(\underline{r})$ nach (51.12) als A-posteriori-Mittelwert von a bezeichnen. Vorteilhaft an diesem Schätzwert ist, daß er sich explizit berechnen läßt.

Gilt (51.12), dann wird mit (51.9) die A-posteriori-Varianz von a zum Minimum gemacht. Die Kostenfunktion nach (51.1) führt also zu einem Schätzwert $\hat{a}(\underline{r})$, dessen Varianz zu einem Minimum wird, d.h. es handelt sich um den in (5.8) bzw. (5.10) definierten wirksamen Schätzwert.

Bild 5.7 zeigt den optimalen Schätzwert nach (51.12) für eine spezielle Dichtefunktion $f_{a|\underline{r}}(a|\underline{r})$.

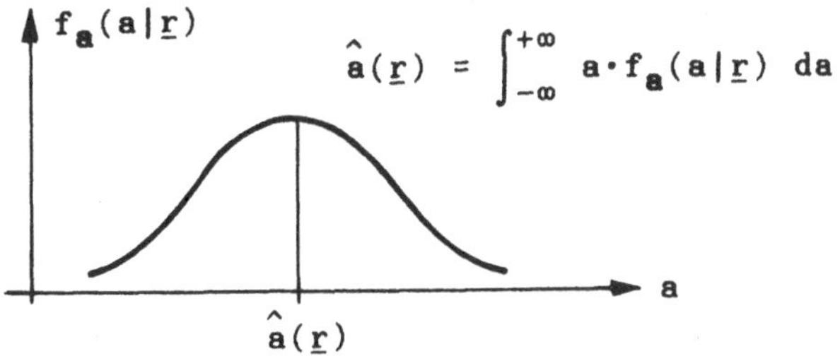

Bild 5.7 Optimaler Schätzwert nach (51.12)

Zur Berechnung von $\hat{a}(\underline{r})$ nach (51.12) braucht man die Dichte $f_{a|\underline{r}}(a|\underline{r})$, die zunächst nicht bekannt ist. Da jedoch die Dichte $f_a(a)$ bekannt ist und sich $f_{\underline{r}|a}(\underline{r}|a)$ berechnen läßt, gilt mit (51.5) und (51.6):

$$f_{a|\underline{r}}(a|\underline{r}) = \frac{f_{\underline{r}|a}(\underline{r}|a)\cdot f_a(a)}{f_{\underline{r}}(\underline{r})} = \frac{f_{\underline{r},a}(\underline{r},a)}{f_{\underline{r}}(\underline{r})} \quad . \tag{51.13}$$

Die hier auftretende Dichte $f_{\underline{r}}(\underline{r})$ braucht man bei der Berechnung von $\hat{a}(\underline{r})$ in der Regel nicht zu kennen, da sie nur dafür sorgt, daß das Integral über $f_{a|\underline{r}}(a|\underline{r})$ zu Eins wird.

5.1.2 Kostenfunktion des absoluten Fehlers

Mit (51.2) gilt für (51.8):

$$I(\underline{r}) = \int_{-\infty}^{+\infty} |\hat{a}(\underline{r})-a| \; f_{a|\underline{r}}(a|\underline{r}) \, da \quad . \tag{51.14}$$

Fallunterscheidung bei der Berechnung des Betrages führt auf

$$I(\underline{r}) = \int_{-\infty}^{\hat{a}(\underline{r})} (\hat{a}(\underline{r})-a) \; f_{a|\underline{r}}(a|\underline{r}) \, da$$

$$+ \int_{\hat{a}(\underline{r})}^{+\infty} (a-\hat{a}(\underline{r})) \; f_{a|\underline{r}}(a|\underline{r}) \, da \quad . \tag{51.15}$$

Zur Bestimmung des Minimums von $I(\underline{r})$ wird die erste Ableitung bezüglich $\hat{a}=\hat{a}(\underline{r})$ gebildet und gleich Null gesetzt:

$$\frac{d}{d\hat{a}} I(\underline{r}) = \int_{-\infty}^{\hat{a}(\underline{r})} f_{a|\underline{r}}(a|\underline{r}) \, da - \int_{\hat{a}(\underline{r})}^{+\infty} f_{a|\underline{r}}(a|\underline{r}) \, da \overset{!}{=} 0 \quad . \tag{51.16}$$

Für den optimalen Schätzwert $\hat{a}(\underline{r})$ folgt damit:

$$\int_{-\infty}^{\hat{a}(\underline{r})} f_{a|\underline{r}}(a|\underline{r}) \, da = \int_{\hat{a}(\underline{r})}^{+\infty} f_{a|\underline{r}}(a|\underline{r}) \, da \quad , \tag{51.17}$$

d.h. das Integral über die A-posteriori-Dichtefunktion $f_{a|\underline{r}}(a|\underline{r})$ von $-\infty$ bis zu diesem optimalen Wert ist gleich dem Integral über $f_{a|\underline{r}}(a|\underline{r})$ von diesem Wert bis $+\infty$. Durch diese Bedingung wird der

Median von $f_{a|\underline{r}}(a|\underline{r})$ definiert. Bild 5.8 veranschaulicht diese Definition.

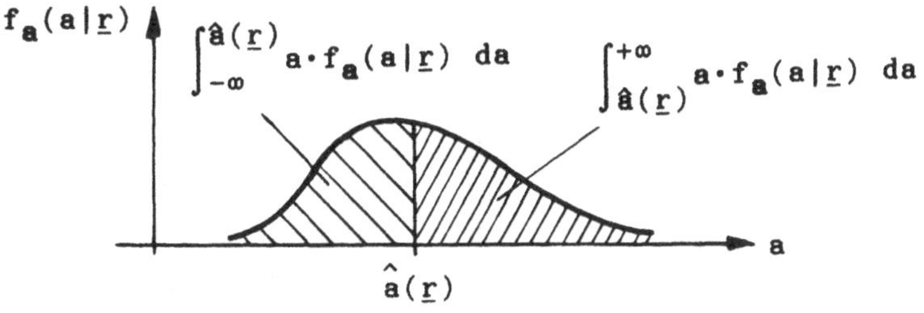

Bild 5.8 Optimaler Schätzwert nach (51.17): Median

Bei symmetrischen Dichtefunktionen $f_{a|\underline{r}}(a|\underline{r})$ wie der Gaußschen Dichte fallen die optimalen Schätzwerte nach (51.12) und (51.17) zusammen.

Daß $\hat{a}(\underline{r})$ in der Definition nach (51.17) tatsächlich ein Minimum von $I(\underline{r})$ nach (51.14) bzw. (51.15) ergibt, zeigt die zweite Ableitung. Sie ist positiv, wenn $f_{a|\underline{r}}(a|\underline{r})$ ebenfalls positiv ist.

5.1.3 Kostenfunktion mit konstanter Bewertung großer Fehler

Setzt man die Kostenfunktion (51.3) in (51.8) ein, so erhält man:

$$I(\underline{r}) = 1 - \int_{\hat{a}(\underline{r})-\Delta/2}^{\hat{a}(\underline{r})+\Delta/2} f_{a|\underline{r}}(a|\underline{r})\, da \quad . \tag{51.18}$$

Das Integral wird von $-\infty$ bis $+\infty$ über $f_{a|\underline{r}}(a|\underline{r})$ ausgeführt und im Intervall $\hat{a}(\underline{r})-\Delta/2 \le a \le \hat{a}(\underline{r})+\Delta/2$ unterbrochen. Weil das Integral von $-\infty$ bis $+\infty$ den Wert 1 ergibt, erhält man die Darstellung in (51.18). $I(\underline{r})$ soll zu einem Minimum werden; also muß der zweite Term in (51.18) zum Maximum werden. Das Integrationsintervall der Länge Δ soll klein werden. Dann wird der zweite Term in (51.18) maximal, wenn man das Integrationsintervall um das absolute Maximum von $f_{a|\underline{r}}(a|\underline{r})$ legt. Bild 5.9 zeigt, daß dann $\hat{a}(\underline{r})$ die Abszisse des absoluten Maximums von $f_{a|\underline{r}}(a|\underline{r})$ ist. Weil $f_{a|\underline{r}}(a|\underline{r})$ die A-posteriori-Dichte von a ist, bezeichnet man $\hat{a}(\underline{r})$ auch als Maximum-a-posteriori-Schätzwert.

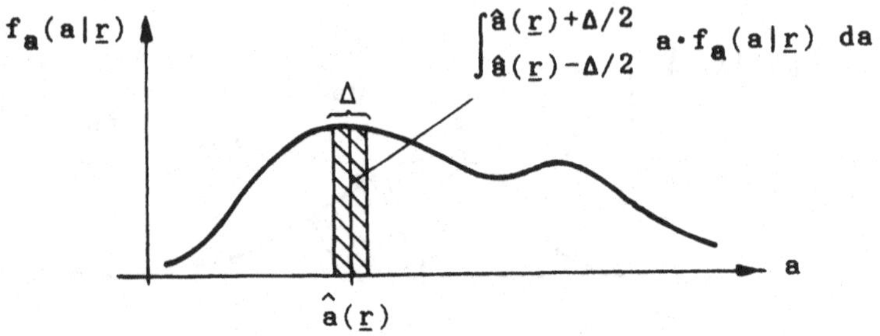

Bild 5.9 Optimaler Schätzwert nach (51.18)

Die Bestimmung des optimalen Schätzwerts $\hat{a}(\underline{r})$ ist in diesem Fall identisch mit der Suche nach dem Maximum von $f_{a|\underline{r}}(a|\underline{r})$. Wegen der Monotonie der ln-Funktion ist auch die Suche des Maximums von ln $f_{a|\underline{r}}(a|\underline{r})$ möglich. Die Verwendung des ln ist bei Gaußdichten vorteilhaft.

Wenn $f_{a|\underline{r}}(a|\underline{r})$ eine unimodale Funktion ist, d.h. nur ein Maximum besitzt, ist das Maximum durch

$$\left.\frac{\partial \ln f_{a|\underline{r}}(a|\underline{r})}{\partial a}\right|_{a=\hat{a}(\underline{r})} = 0 \qquad (51.19)$$

gegeben, sofern die zweite Ableitung negativ wird. Diese Beziehung nennt man Maximum-a-posteriori- oder MAP-Gleichung.

Ähnlich wie in (41.14) bei der Detektion will man die A-posteriori-Dichte $f_{a|\underline{r}}(a|\underline{r})$ u.a. durch A-priori-Größen ausdrücken. Logaritmiert man die Beziehung in (51.13), so gilt:

$$\ln f_{a|\underline{r}}(a|\underline{r}) = \ln f_{\underline{r}|a}(\underline{r}|a) + \ln f_a(a) - \ln f_{\underline{r}}(\underline{r}) \quad . \qquad (51.20)$$

Die linke Seite der Gleichung soll für den Wert $a=\hat{a}(\underline{r})$ zum Maximum werden. Der letzte Term auf der rechten Seite ist keine Funktion von a und kann deshalb unberücksichtigt bleiben. Es genügt also, die Funktion

$$l(a) = \ln f_{\underline{r}|a}(\underline{r}|a) + \ln f_a(a) \qquad (51.21)$$

Tab. 5.2 Kostenfunktionen und optimale Schätzwerte

Kostenfunktionen C(e)

bei Parameterschätzung mit dem Bayes-Kriterium

1. Kostenfunktion des **quadratischen** Fehlers:

$$C(e) = e^2 = (\hat{a}(\underline{r}) - a)^2$$

Opt. Schätzwert:

$$\hat{a}(\underline{r}) = \int_{-\infty}^{+\infty} a \; f_{a|\underline{r}}(a|\underline{r}) \; da$$

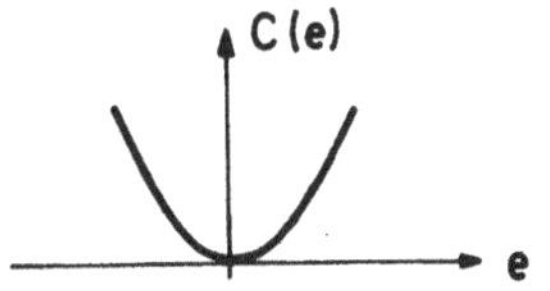

Mittelwert

2. Kostenfunktion des **absoluten** Fehlers:

$$C(e) = |e| = |\hat{a}(\underline{r}) - a|$$

Opt. Schätzwert:

$$\int_{-\infty}^{\hat{a}(\underline{r})} f_{a|\underline{r}}(a|\underline{r}) \; da = \int_{\hat{a}(\underline{r})}^{+\infty} f_{a|\underline{r}}(a|\underline{r}) \; da$$

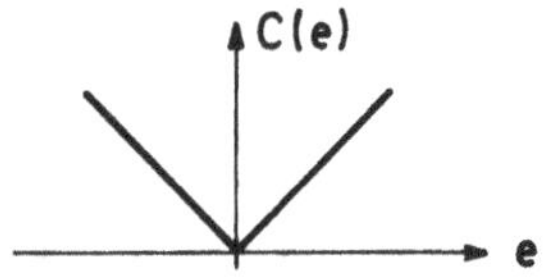

Median

3. Kostenfunktion mit **konstanter** Bewertung großer Fehler:

$$C(e) = \begin{cases} 0 & \text{für } |e| \le \frac{\Delta}{2} \\ 1 & \text{für } |e| > \frac{\Delta}{2} \end{cases}$$

Opt. Schätzwert (MAP):

$$\left. \frac{\partial \ln f_{a|\underline{r}}(a|\underline{r})}{\partial a} \right|_{a=\hat{a}(\underline{r})} = 0$$

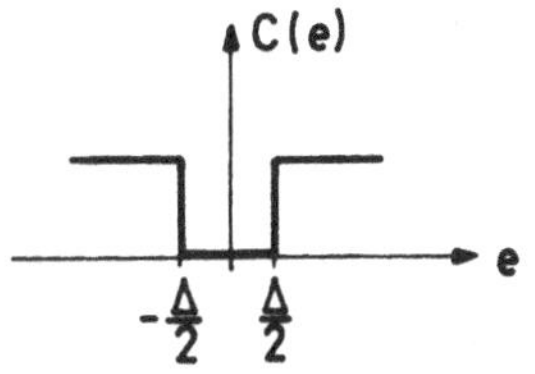

Maximum

zu betrachten. Diese Terme entsprechen den im Abschnitt 5.1 genannten Dichten zur Berechnung des Risikos. Für (51.19) gilt damit:

$$\left.\frac{\partial l(a)}{\partial a}\right|_{a=\hat{a}(\underline{r})} = \left.\frac{\partial \ln f_{\underline{r}|a}(\underline{r}|a)}{\partial a}\right|_{a=\hat{a}(\underline{r})} + \left.\frac{\partial \ln f_{a}(a)}{\partial a}\right|_{a=\hat{a}(\underline{r})} \overset{!}{=} 0 \quad . \qquad (51.22)$$

Nimmt man an, daß $f_{a|\underline{r}}(a|\underline{r})$ eine symmetrische Funktion, z.B. eine Gaußsche Dichtefunktion ist, dann wird das Maximum von $f_{a|\underline{r}}(a|\underline{r})$ gleich dem Mittelwert von $f_{a|\underline{r}}(a|\underline{r})$ und gleich ihrem Median sein. Damit würden die optimalen Schätzwerte nach (51.12), (51.17) und (51.19) zusammenfallen, obwohl verschiedene Kostenfunktionen zu ihrer Bestimmung verwendet wurden. Die Tatsache, daß dieselbe Schätzeinrichtung für verschiedene Kostenfunktionen optimal ist, bringt Vorteile, weil die Wahl der Kostenfunktion sehr subjektiv ist. Ein anderer Vorteil besteht darin, daß man sich dann die einfachste numerische Methode zur Berechnung des Schätzwerts aussuchen kann. Der A-posteriori-Mittelwert ist als explizite Darstellung des Schätzwerts z.B. günstiger als die implizite Darstellung des Medians. Oder die Berechnung der Ableitung beim MAP-Schätzwert kann sehr einfach ausführbar sein. Es sollen nun die Voraussetzungen gesucht werden, unter denen eine Schätzeinrichtung für mehrere Kostenfunktionen optimal ist.

5.1.4 Invarianz des optimalen Schätzwertes bezüglich einer Klasse von Kostenfunktionen

Um den optimalen Schätzwert $\hat{a}(\underline{r})$ für den Parameterwert a nach dem Bayes-Kriterium bestimmen zu können, braucht man

a) die A-posteriori-Dichtefunktion $f_{a|\underline{r}}(a|\underline{r})$,

b) die Kostenfunktion (das Fehlerkriterium) $C(e)=C(\hat{a}(\underline{r})-a)$.

Je nach Wahl der Kostenfunktion C(e) erhält man i.a. verschiedene

Schätzwerte $\hat{a}(\underline{r})$. Dieser Schätzwert wird jedoch unabhängig von der Wahl einer speziellen Kostenfunktion C(e) gleich

$$\hat{a} = E(a|\underline{r}) = \int_{-\infty}^{+\infty} a \, f_{a|\underline{r}}(a|\underline{r}) \, da \quad , \tag{51.23}$$

sofern C(e) bestimmte Eigenschaften besitzt. Man unterscheidet dabei zwei Fälle.

1. Der erste Fall besteht darin, daß [8]
   a) C(e) eine symmetrische, nach oben geöffnete konvexe Funktion ist, d.h.

$$C(e) = C(-e) \tag{51.24}$$

$$C((1-\alpha)\cdot e_1 + \alpha\cdot e_2) \leq (1-\alpha)\cdot C(e_1) + \alpha\cdot C(e_2) \tag{51.25}$$

   mit $0 \leq \alpha \leq 1$ (siehe Bild 5.10). Wenn C(e) eine strikt konvexe Funktion ist, wird (51.25) eine strikte Ungleichung, d.h. die Gleichheit ist nie erfüllt,
   b) die Dichte $f_{a|\underline{r}}(a|\underline{r})$ symmetrisch bezüglich ihres bedingten Mittelwertes nach (51.23) und unimodal ist, d.h. nur ein Maximum besitzt. Setzt man

$$z = a - \hat{a}(\underline{r}) \tag{51.26}$$

   mit $\hat{a}(\underline{r})$ nach (51.23), dann bedeutet die Symmetrie

$$f_{z|\underline{r}}(z|\underline{r}) = f_{z|\underline{r}}(-z|\underline{r}) \quad . \tag{51.27}$$

2. Der zweite Fall liegt dann vor, wenn [24]
   a) C(e) eine symmetrische, aber nicht konvexe Funktion ist, die für wachsende Beträge von e nicht abnimmt,
   b) die Dichte $f_{a|\underline{r}}(a|\underline{r})$ symmetrisch bezüglich des bedingten Mittelwertes nach (51.23) und unimodal ist. Ferner muß die Bedingung

$$\lim_{e\to\infty} C(e) \, f_{a|\underline{r}}(e|\underline{r}) = 0 \tag{51.28}$$

erfüllt sein.

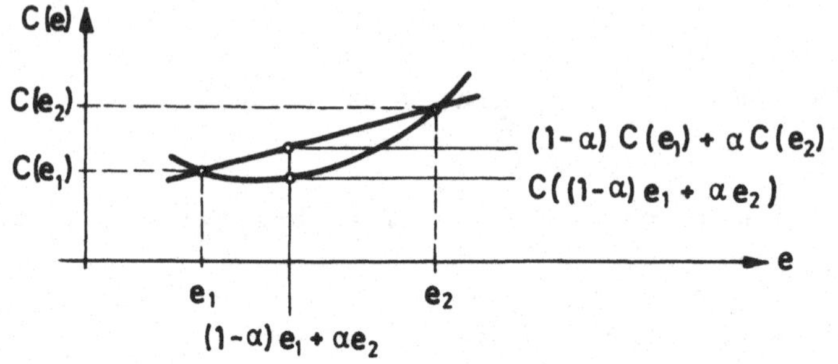

Bild 5.10 Definition der nach oben geöffneten konvexen Funktion nach (51.25)

Die Bedingungen, die diesem zweiten Fall entsprechen, werden von einer größeren Anzahl von Funktionen C(e) erfüllt als die Bedingungen im ersten Fall. Dafür sind zusätzliche Forderungen an die Dichtefunktion $f_{a|\underline{r}}(a|\underline{r})$ zu stellen, wie z.B. (51.28) zeigt. Die Kostenfunktionen nach (51.1) und (51.2) entsprechen dem ersten Fall, die Kostenfunktion nach (51.3) dem zweiten Fall.

Für beide Klassen von Kostenfunktionen nach 1. und 2. ist der Schätzwert, der den mittleren quadratischen Fehler zum Minimum macht, optimal. Dies bedeutet, daß der bedingte Mittelwert der A-posteriori-Dichte $f_{a|\underline{r}}(a|\underline{r})$ gleich dem Wert von a ist, für den $f_{a|\underline{r}}(a|\underline{r})$ ein Maximum annimmt. Voraussetzung ist dabei, daß $f_{a|\underline{r}}(a|\underline{r})$ eine unimodale, bezüglich ihres bedingten Mittelwerts symmetrische Funktion ist, wie in der Bedingung b) für die beiden Fälle gefordert wird.

5.2 Schätzung von Parametern ohne jede A-priori-Information (Maximum-Likelihood-Schätzung)

Dieser Fall eines Schätzproblems liegt dann vor, wenn nichts weiter über den zu schätzenden Parameter bekannt ist. Man kann weder eine A-priori-Dichte angeben, noch ein Intervall, in dem der Parameter liegen muß, so daß man auch keine Annahmen über die statistischen Eigenschaften des Parameters a machen kann.

Um ein Kriterium zu finden, mit dessen Hilfe man die Schätzeinrichtung entwerfen kann, bietet sich eine Abwandlung des Bayes-Kriteriums aus Abschnitt 5.1 an. Zur Berechnung des Risikos als Erwartungswert der Kosten verwendet man hier nur die Dichte des gestörten Empfangsvektors $\underline{r}$, weil man für den Parameter a keine Dichte angeben kann. Da der Zufallsvektor $\underline{r}$ vom Parameterwert a abhängt, benötigt man die bedingte Dichtefunktion $f_{\underline{r}|a}(\underline{r}|a)$. Entsprechend (51.4) erhält man:

$$R = \iint_{-\infty}^{+\infty} C(\hat{a}(\underline{r})-a)\; f_{\underline{r}|a}(\underline{r}|a)\; d\underline{r} \quad . \tag{52.1}$$

Man könnte nun eine der Kostenfunktionen aus Abschnitt 5.1 in (52.1) einsetzen, die erste Ableitung bilden und so das Minimum bestimmen. Man kann aber auch folgende allgemeine Überlegung anstellen: Damit R nach (52.1) minimal wird, muß der Integrand minimal werden. Die Dichte $f_{\underline{r}|a}(\underline{r}|a)$ ist stets positiv, so daß der Integrand ein Minimum wird, wenn die Kostenfunktion minimal ist. Der Fall korrekter Bestimmung des aktuellen Parameterwerts a durch $\hat{a}(\underline{r})$, d.h.

$$\hat{a}(\underline{r}) = a \tag{52.2}$$

ist sicher mit den geringsten Kosten verbunden, stellt damit das Minimum von R dar. Aus (52.2) läßt sich allerdings $\hat{a}(\underline{r})$ nicht bestimmen, da a der unbekannte Parameterwert ist, der geschätzt werden soll. Auf diesem Wege läßt sich also kein brauchbares Schätzverfahren ableiten. Leider gibt es kein direktes Verfahren, wie man, ausgehend von den Optimalitätskriterien (5.7) für Erwartungstreue und (5.9) bzw. (5.11) für Wirksamkeit und (5.12) für Konsistenz, ein optimales Schätzverfahren gewinnen kann. Deshalb gewinnt man auf intuitivem Wege Schätzverfahren, deren Güte man an diesen Kriterien mißt.

Einen Ansatz dazu bietet die Detektionstheorie, indem man Gemeinsamkeiten bei Detektion und Parameterschätzung ausnutzt. In (41.8) wurde für den Fall der binären Detektion das Likelihood-Verhältnis

$$\Lambda(\underline{r}) = \frac{f_{\underline{r}|M_1}(\underline{r}|M_1)}{f_{\underline{r}|M_2}(\underline{r}|M_2)} \tag{52.3}$$

definiert. Wenn die Schwelle η, mit der dieses Verhältnis verglichen wird, gleich 1 ist, entscheidet sich der Empfänger in folgender Weise: Er nimmt an, daß dasjenige Ereignis M_i gesendet wurde, das für das Argument $\underline{r}$ die größere Dichte $f_{\underline{r}|M_i}(\underline{r}|M_i)$ besitzt und daher mit größerer Wahrscheinlichkeit gesendet wurde. Überträgt man diesen Sachverhalt auf den Fall der Parameterschätzung gelangt man zur Maximum-Likelihood-Estimation: Die Schätzeinrichtung wählt den Wert von a zum Schätzwert $\hat{a}(\underline{r})$, für den die Dichtefunktion $f_{\underline{r}|a}(\underline{r}|a)$ zum Maximum wird. Dies ist der Wert, der mit der größten Wahrscheinlichkeit gleich dem tatsächlichen Parameterwert ist. Statt das Maximum von $f_{\underline{r}|a}(\underline{r}|a)$ zu bestimmen, kann man wegen der Monotonie der ln-Funktion auch $\ln(f_{\underline{r}|a}(\underline{r}|a))$ untersuchen. Dies hat z.B. bei Gaußdichten rechentechnische Vorteile. Für den optimalen Schätzwert nach der Maximum-Likelihood-Estimation gilt damit:

$$\left.\frac{\partial \ln f_{\underline{r}|a}(\underline{r}|a)}{\partial a}\right|_{a=\hat{a}(\underline{r})} = 0 \quad . \tag{52.4}$$

Dies ist eine notwendige Bedingung für $\hat{a}(\underline{r})$. Sie ist erfüllbar, sofern die Ableitung in (52.4) stetig ist und das Maximum innerhalb des Definitionsbereichs von a liegt.

Vergleicht man (52.4) mit (51.22), so zeigt sich, daß die Bedingung für die Maximum-Likelihood-Estimation und die Maximum-a-posteriori-Estimation bis auf den Term

$$\left.\frac{\partial \ln f_{a}(a)}{\partial a}\right|_{a=\hat{a}(\underline{r})} \tag{52.5}$$

übereinstimmen. Dieser Term hängt nur von A-priori-Kenntnissen ab, die bei der Maximum-Likelihood-Estimation nicht vorhanden sind. Zur Unterscheidung von (51.19), der MAP-Gleichung, bezeichnet man (52.4) als Likelihood-Gleichung und die abgeleitete, logarithmierte bedingte Dichte als Likelihood-Funktion $L(\underline{r}|a)$.

Nimmt man an, daß entsprechend (5.1) für den gestörten Empfangsvektor

$$\underline{r} = \underline{s}(a) + \underline{n} \tag{52.6}$$

mit

$$\underline{s}(a) = a\cdot(1, 1, \ldots, 1)^T \tag{52.7}$$

und daß $\underline{n}$ der Repräsentant eines Gaußschen Störvektors $\underline{n}$ mit statistisch unabhängigen Komponenten ist, so erhält man für a als Maximum-Likelihood-Schätzwert [36]:

$$\hat{a}(\underline{r}) = \frac{1}{N}\sum_{i=1}^{N} r_i \quad . \tag{52.8}$$

Weil dieser Schätzwert aus Gaußschen Zufallsvariablen durch eine Linearkombination gewonnen wurde, ist er selbst der Repräsentant einer Gaußschen Zufallsvariablen $\hat{a}(\underline{r})$. Ihre statistischen Eigenschaften werden dann vollständig durch Mittelwert und Varianz bestimmt. Aus (52.8) folgt direkt, daß der Schätzwert $\hat{a}(\underline{r})$ erwartungstreu ist, sofern $\underline{n}$ mittelwertfrei ist. Zur Berechnung der Varianz von $\hat{a}(\underline{r})$ benötigt man den quadratischen Mittelwert

$$\begin{aligned} E(\hat{a}(\underline{r})^2|a) &= \frac{1}{N^2}\sum_{i=1}^{N}\sum_{j=1}^{N} E(r_i\cdot r_j) \\ &= \frac{1}{N^2}\left[\sum_{i=1}^{N} E(r_i^{\,2}) + \sum_{i=1}^{N}\sum_{\substack{j=1\\ j\neq i}}^{N} E(r_i)\cdot E(r_j)\right] \\ &= \frac{1}{N}E(r_i^{\,2}) + \frac{N-1}{N}a^2 \quad . \end{aligned} \tag{52.9}$$

Für die Varianz von $\hat{a}(\underline{r})$ folgt damit:

$$\begin{aligned} \mathrm{Var}(\hat{a}(\underline{r})|a) &= E(\hat{a}(\underline{r})^2|a) - E^2(\hat{a}(\underline{r})|a) \\ &= (E(r_i^{\,2})-a^2)/N = \sigma^2/N \quad , \end{aligned} \tag{52.10}$$

wobei die Varianz der n_i zu σ^2 angenommen wurde. Daraus folgt, daß die Varianz mit zunehmender Zahl der Meßwerte nach Null konvergiert. Da das Schätzverfahren auch erwartungstreu ist, ist es auch konsistent.

Unbekannt ist, ob die Varianz dieses Maximum-Likelihood-Schätzwerts auch wirksam ist. Dazu müßte man eine untere Grenze für die Varianz angeben können. Eine derartige untere Grenze der Varianz läßt sich tatsächlich für jeden Schätzwert durch die Cramér-Rao-Ungleichung herleiten. Diese Herleitung soll im folgenden Abschnitt für erwartungstreue Schätzwerte erfolgen. Eine entsprechende untere Grenze läßt sich auch für nicht erwartungstreue Schätzwerte angeben.

5.3 Der minimale mittlere quadratische Schätzfehler

Bei der Schätzung von Parametern, deren Dichte bekannt ist, kann man jederzeit denjenigen Schätzwert bestimmen, der einen minimalen mittleren quadratischen Schätzfehler liefert: es handelt sich dabei um den Bayes-Schätzwert bei quadratischer Kostenfunktion. Anders verhält es sich bei fehlender Dichte des zu schätzenden Parameters. Vom Maximum-Likelihood-Schätzwert ist zunächst unbekannt, ob er wirksam ist oder nicht.

Man interessiert sich deshalb ganz allgemein, wo die untere Grenze des mittleren quadratischen Fehlers liegt und welche Bedingungen zu erfüllen sind, um diese untere Grenze zu erreichen. Damit ist allerdings die Frage offen, wie man ein Schätzverfahren ermittelt, das zu dieser unteren Grenze führt, also wirksam ist.

5.3.1 Minimale Fehlervarianz bei unbekannter A-priori-Dichte

Die untere Grenze der Varianz $\mathrm{Var}(\hat{a}(\underline{r})|a)$ jedes erwartungstreuen Schätzwertes $\hat{a}(\underline{r})$, der ohne A-priori-Information ermittelt wird, ist durch die Cramér-Rao-Ungleichung gegeben. Danach gilt:

$$Var(\hat{a}(\underline{r})|a) = E((\hat{a}(\underline{r})-a)^2|a) \geq (E((\frac{\partial \ln f_{\underline{r}|a}(\underline{r}|a)}{\partial a})^2))^{-1} \tag{53.1}$$

oder in einer anderen Formulierung

$$Var(\hat{a}(\underline{r})|a) = E((\hat{a}(\underline{r})-a)^2|a) \geq (-E(\frac{\partial^2 \ln f_{\underline{r}|a}(\underline{r}|a)}{\partial a^2}))^{-1} \quad . \tag{53.2}$$

Dabei ist vorausgesetzt, daß die Ableitungen

$$\frac{\partial f_{\underline{r}|a}(\underline{r}|a)}{\partial a} \quad \text{und} \quad \frac{\partial^2 f_{\underline{r}|a}(\underline{r}|a)}{\partial a^2} \tag{53.3}$$

existieren und absolut integrierbar sind.

Jedes Schätzverfahren, für das die Gleichheitszeichen in (53.1) und (53.2) gelten, ist nach der in (5.9) bzw. (5.11) gegebenen Definition wirksam.

Wegen ihrer Bedeutung soll die Cramér-Rao-Ungleichung hier bewiesen werden. Weil $\hat{a}(\underline{r})$ nach Voraussetzung erwartungstreu ist, gilt mit (5.7):

$$\begin{aligned} E(\hat{a}(\underline{r})-a|a) &= \iint_{-\infty}^{+\infty} (\hat{a}(\underline{r})-a)\; f_{\underline{r}|a}(\underline{r}|a)\; d\underline{r} \\ &= E(\hat{a}(\underline{r})|a) - a = 0 \quad . \end{aligned} \tag{53.4}$$

Differentiation des Integrals nach a liefert

$$\frac{d}{da} \iint_{-\infty}^{+\infty} (\hat{a}(\underline{r})-a)\; f_{\underline{r}|a}(\underline{r}|a)\; d\underline{r} =$$

$$\iint_{-\infty}^{+\infty} \frac{\partial}{\partial a} [(\hat{a}(\underline{r})-a)\; f_{\underline{r}|a}(\underline{r}|a)]\; d\underline{r} = 0 \quad . \tag{53.5}$$

Integration und Differentiation dürfen hier vertauscht werden, weil die Ableitung von $f_{\underline{r}|a}(\underline{r}|a)$ nach Voraussetzung existiert und integrierbar ist. Daraus folgt:

$$- \iint_{-\infty}^{+\infty} f_{\underline{r}|a}(\underline{r}|a)\, d\underline{r} + \iint_{-\infty}^{+\infty} (\hat{a}(\underline{r})-a) \frac{\partial f_{\underline{r}|a}(\underline{r}|a)}{\partial a}\, d\underline{r} = 0 \quad . \tag{53.6}$$

Das erste Integral hat den Wert 1. Mit der identischen Umformung

$$\frac{\partial f_{\underline{r}|a}(\underline{r}|a)}{\partial a} = \frac{\partial \ln f_{\underline{r}|a}(\underline{r}|a)}{\partial a} f_{\underline{r}|a}(\underline{r}|a) \tag{53.7}$$

gilt nach Umformung von (53.6):

$$\iint_{-\infty}^{+\infty} (\hat{a}(\underline{r})-a)\, f_{\underline{r}|a}(\underline{r}|a) \frac{\partial \ln f_{\underline{r}|a}(\underline{r}|a)}{\partial a}\, d\underline{r} = 1 \quad . \tag{53.8}$$

An Hand dieser Gleichung soll nun die Abschätzung der Varianz $Var(\hat{a}(\underline{r})|a)$ nach unten erfolgen. Dazu verwendet man die Schwarzsche Ungleichung in der Form:

$$\int_{-\infty}^{+\infty} x^2(t)\, dt \int_{-\infty}^{+\infty} y^2(t)\, dt \geq [\int_{-\infty}^{+\infty} x(t)\, y(t)\, dt]^2 \quad . \tag{53.9}$$

Umformung von (53.8) liefert:

$$\iint_{-\infty}^{+\infty} [(\hat{a}(\underline{r})-a)(f_{\underline{r}|a}(\underline{r}|a))^{\frac{1}{2}}][(f_{\underline{r}|a}(\underline{r}|a))^{\frac{1}{2}} \frac{\partial \ln f_{\underline{r}|a}(\underline{r}|a)}{\partial a}]\, d\underline{r} = 1 \quad . \tag{53.10}$$

Quadriert man (53.10) und vergleicht mit (53.9), so folgt:

$$\iint_{-\infty}^{+\infty} (\hat{a}(\underline{r})-a)^2 f_{\underline{r}|a}(\underline{r}|a) d\underline{r} \iint_{-\infty}^{+\infty} f_{\underline{r}|a}(\underline{r}|a) \left[\frac{\partial \ln f_{\underline{r}|a}(\underline{r}|a)}{\partial a}\right]^2 d\underline{r} \geq 1 \quad . \tag{53.11}$$

Das erste Integral ist gleich der Varianz $Var(\hat{a}(\underline{r})|a)$. Durch Umformung erhält man damit die Cramér-Rao-Ungleichung in der Form:

$$Var(\hat{a}(\underline{r})|a) = \iint_{-\infty}^{+\infty} (\hat{a}(\underline{r})-a)^2\, f_{\underline{r}|a}(\underline{r}|a)\, d\underline{r}$$

$$\geq \frac{1}{\iint_{-\infty}^{+\infty} \left[\frac{\partial \ln f_{\underline{r}|a}(\underline{r}|a)}{\partial a}\right]^2 f_{\underline{r}|a}(\underline{r}|a)\, d\underline{r}}$$

$$= \left(E\left(\left(\frac{\partial \ln f_{\underline{r}|a}(\underline{r}|a)}{\partial a}\right)^2\right)\right)^{-1} \quad . \tag{53.12}$$

Um die Form der Cramér-Rao-Ungleichung nach (53.2) zu beweisen, geht man von der Beziehung

$$\iint_{-\infty}^{+\infty} f_{\underline{r}|a}(\underline{r}|a)\, d\underline{r} = 1 \tag{53.13}$$

aus. Differentiation nach a liefert unter den gegebenen Voraussetzungen und mit (53.7)

$$\iint_{-\infty}^{+\infty} \frac{\partial f_{\underline{r}|a}(\underline{r}|a)}{\partial a}\, d\underline{r} = \iint_{-\infty}^{+\infty} \frac{\partial \ln f_{\underline{r}|a}(\underline{r}|a)}{\partial a} f_{\underline{r}|a}(\underline{r}|a)\, d\underline{r} = 0 \quad . \tag{53.14}$$

Differenziert man noch einmal nach a und wendet (53.7) an, so erhält man:

$$\iint_{-\infty}^{+\infty} \frac{\partial^2 \ln f_{\underline{r}|a}(\underline{r}|a)}{\partial a^2} f_{\underline{r}|a}(\underline{r}|a)\, d\underline{r}$$

$$+ \iint_{-\infty}^{+\infty} \left[\frac{\partial \ln f_{\underline{r}|a}(\underline{r}|a)}{\partial a}\right]^2 f_{\underline{r}|a}(\underline{r}|a)\, d\underline{r} = 0 \tag{53.15}$$

oder

$$E\left(\frac{\partial^2 \ln f_{\underline{r}|a}(\underline{r}|a)}{\partial a^2}\right) = -E\left(\left(\frac{\partial \ln f_{\underline{r}|a}(\underline{r}|a)}{\partial a}\right)^2\right) \quad . \tag{53.16}$$

Mit (53.12) erhält man die Cramér-Rao-Ungleichung nach (53.2).

Die Ungleichung (53.11) wird für

$$(\hat{a}(\underline{r})-a)\cdot k(a) = \frac{\partial \ln f_{\underline{r}|a}(\underline{r}|a)}{\partial a} \tag{53.17}$$

zur Gleichung, wie aus den Eigenschaften der Schwarzschen Ungleichung folgt. Dabei ist k(a) eine beliebige, vom Parameterwert a abhängige Konstante. Wenn die Beziehung in (53.17) erfüllt ist, wird auch die Cramér-Rao-Ungleichung zur Gleichung. Dies ist gleichbedeutend damit, daß $\hat{a}(\underline{r})$ ein wirksamer Schätzwert ist. Für jeden wirksamen Schätzwert muß also (53.17) erfüllt sein.

Damit ergeben sich aus der Cramér-Rao-Ungleichung folgende Resultate:

1. Jeder erwartungstreue Schätzwert besitzt eine Varianz, die größer als ein bestimmter Wert ist.
2. Wenn ein wirksamer Schätzwert existiert, d.h. wenn (53.17) gilt, dann wird für den Schätzwert der Maximum-Likelihood-Estimation die Cramér-Rao-Ungleichung zur Gleichung. Aus (53.17) und (52.4) folgt:

$$(\hat{a}(\underline{r})-a)\cdot k(a) = \left.\frac{\partial \ln f_{\underline{r}|a}(\underline{r}|a)}{\partial a}\right|_{a=\hat{a}(\underline{r})} = 0 \quad . \qquad (53.18)$$

   Damit gilt: Falls ein wirksamer Schätzwert existiert, erfüllt der Schätzwert der Maximum-Likelihood-Estimation die Forderung für eine wirksame Schätzung.
3. Falls kein wirksamer Schätzwert existiert, d.h. die Bedingung (53.17) nicht erfüllt werden kann, läßt sich allgemein nichts über die Größe der Varianz des Schätzwertes der Maximum-Likelihood-Estimation aussagen. Dies gilt auch für jeden anderen Schätzwert.
4. Die Cramér-Rao-Ungleichung gilt nur für erwartungstreue Schätzwerte. Wird diese Forderung nicht erfüllt, ist der Ansatz zur Herleitung der unteren Grenze der Fehlervarianz nach (53.4) entsprechend abzuändern.

Aus den Betrachtungen zur Cramér-Rao-Ungleichung geht hervor, daß der Schätzwert der Maximum-Likelihood-Estimation eine besondere Rolle spielt. Dies wird durch die folgenden, ohne Beweis angegebenen Eigenschaften des Schätzwertes unterstrichen. Wenn in jeder der statistisch voneinander unabhängigen Komponenten des durch $\underline{r}$ repräsentierten Zufallsvektors mit der Dimension N der zu

Tab 5.3 Maximum-Likelihood-Estimation, Begriffe

Parameterschätzung

von Parametern a ohne jede A-priori-Information

Maximum-Likelihood-Estimation

Optimaler Schätzwert $\hat{a}(\underline{r})$ (Likelihood-Gleichung):

$$L(\underline{r}|a)\Big|_{a=\hat{a}(\underline{r})} = \frac{\partial \ln f_{\underline{r}|a}(\underline{r}|a)}{\partial a}\Big|_{a=\hat{a}(\underline{r})} = 0$$

Vergleich der MAP-Gleichung (Parameter a ist hier eine Zufallsvariable) mit der Likelihood-Gleichung:

$$\frac{\partial \ln f_{a|\underline{r}}(a|\underline{r})}{\partial a}\Big|_{a=\hat{a}(\underline{r})} =$$

$$\underbrace{\underbrace{\left[\frac{\partial \ln f_{\underline{r}|a}(\underline{r}|a)}{\partial a}\right.}_{\text{Likelihood-Gl.}} + \underbrace{\frac{\partial \ln f_a(a)}{\partial a}}_{\text{A-priori-Inf.}} - \underbrace{\left.\frac{\partial \ln f_{\underline{r}}(\underline{r})}{\partial a}\right]_{a=\hat{a}(\underline{r})}}_{=0}}_{\text{MAP-Gleichung}}$$

Erwartungstreuer Schätzwert $\hat{a}(\underline{r})$: $E(\hat{a}(\underline{r})|a) = a$

Minimale Fehlervarianz bei erwartungstreuer Schätzung (Cramér-Rao-Ungleichung):

$$E((\hat{a}(\underline{r})-a)^2|a) \geq \left(E\left(\left(\frac{\partial \ln f_{\underline{r}|a}(\underline{r}|a)}{\partial a}\right)^2\right)\right)^{-1}$$

$$\geq \left(-E\left(\frac{\partial^2 \ln f_{\underline{r}|a}(\underline{r}|a)}{\partial a^2}\right)\right)^{-1}$$

schätzende Parameterwert a enthalten ist, dann gilt für das asymptotische Verhalten von $\hat{a}(\underline{r})$:

1. Mit $N \to \infty$ konvergiert der Schätzwert $\hat{a}(\underline{r})$ der Maximum-Likelihood-Estimation auf den Parameter a, d.h. (5.12) ist erfüllt und $\hat{a}(\underline{r})$ damit ein konsistenter Schätzwert.
2. Auch wenn kein wirksamer Schätzwert gefunden werden kann, d.h. wenn (53.17) nicht gilt, ist der Schätzwert $\hat{a}(\underline{r})$ der Maximum-Likelihood-Estimation wenigstens asymptotisch wirksam. Mit (53.1) gilt dann:

$$\lim_{N\to\infty} \operatorname{Var}(\hat{a}(\underline{r})|a)\cdot E\left(\left(\frac{\partial \ln f_{\underline{r}|a}(\underline{r}|a)}{\partial a}\right)^2\right) = 1 \quad . \tag{53.19}$$

3. Der Schätzwert $\hat{a}(\underline{r})$ der Maximum-likelihood-Estimation ist asymptotisch Gaußisch verteilt:

$$\lim_{N\to\infty} f_{\hat{a}(\underline{r})}\left[\frac{\hat{a}(\underline{r}) - a}{\left(E\left(\left(\frac{\partial \ln f_{\underline{r}|a}(\underline{r}|a)}{\partial a}\right)^2\right)\right)^{-\frac{1}{2}}}\right]$$

$$= \frac{1}{(2\pi)^{\frac{1}{2}}} \exp(-\tfrac{1}{2}(\hat{a}(\underline{r})-a)^2) \quad . \tag{53.20}$$

5.3.2 Minimaler mittlerer quadratischer Fehler bei bekannter A-priori-Dichte

Es liegt nahe, nach einer unteren Grenze des mittleren quadratischen Fehlers auch für den Fall zu fragen, bei dem die A-priori-Dichte des zu schätzenden Parameters bekannt ist. Den Cramér-Rao-Ungleichungen in (53.1) und (53.2) entsprechend gilt für den hier betrachteten Fall:

$$\operatorname{Var}(\hat{a}(\underline{r}) = E((\hat{a}(\underline{r})-a)^2) \geq \left(E\left(\left(\frac{\partial \ln f_{\underline{r},a}(\underline{r},a)}{\partial a}\right)^2\right)\right)^{-1} \tag{53.21}$$

oder

$$\mathrm{Var}(\hat{a}(\underline{r})) = E((\hat{a}(\underline{r})-a)^2) \geq (-E(\frac{\partial^2 \ln f_{\underline{r},a}(\underline{r},a)}{\partial a^2}))^{-1} \quad . \quad (53.22)$$

Weil hier der Parameter a und der gestörte Empfangsvektor $\underline{r}$ Zufallsvariable sind, wird der Erwartungswert jeweils über $\underline{r}$ und a gebildet. Wie bei der Cramér-Rao-Ungleichung wird hier vorausgesetzt, daß

$$\frac{\partial \ln f_{\underline{r},a}(\underline{r},a)}{\partial a} \quad \text{und} \quad \frac{\partial^2 \ln f_{\underline{r},a}(\underline{r},a)}{\partial a^2} \qquad (53.23)$$

für alle $\underline{r}$ und a existieren und absolut integrierbar sind. Der Beweis dieser Ungleichungen entspricht weitgehend dem für die Cramér-Rao-Ungleichungen nach (53.1) und (53.2).

Für den bedingten Erwartungswert des Schätzfehlers entsprechend (53.4) gilt hier:

$$E(\hat{a}(\underline{r})-a|a=a) = \iint_{-\infty}^{+\infty} (\hat{a}(\underline{r})-a)\ f_{\underline{r}|a}(\underline{r}|a)\ d\underline{r}$$

$$= F(a) \quad . \qquad (53.24)$$

F(a) braucht nicht gleich Null zu sein, weil der Parameter a hier eine Zufallsvariable mit dem aktuellen Wert a ist. Es gelte aber

$$\lim_{a\to+\infty} F(a)\ f_a(a) = 0 \qquad (53.25)$$

$$\lim_{a\to-\infty} F(a)\ f_a(a) = 0 \quad , \qquad (53.26)$$

d.h. für große Werte von |a| soll der mit der A-priori-Dichtefunktion gewichtete Fehler verschwinden. Zum Beweis von (53.21) bzw. (53.22) multipliziert man beide Seiten von (53.24) mit $f_a(a)$, formt mit der Bayes-Regel um und differenziert nach a:

$$-\iint_{-\infty}^{+\infty} f_{\underline{r},a}(\underline{r},a)\ d\underline{r} + \iint_{-\infty}^{+\infty} \frac{\partial f_{\underline{r},a}(\underline{r},a)}{\partial a} (\hat{a}(\underline{r})-a)\ d\underline{r}$$

$$= \frac{d}{da} (f_a(a)\ F(a)) \quad . \tag{53.27}$$

Integration bezüglich a liefert:

$$-1 + \int_{-\infty}^{+\infty} \iint_{-\infty}^{+\infty} \frac{\partial f_{\underline{r},a}(\underline{r},a)}{\partial a} (\hat{a}(\underline{r})-a)\ d\underline{r}\ da$$

$$= f_a(a)\ F(a) \Big|_{-\infty}^{+\infty} \quad . \tag{53.28}$$

Die rechte Seite der Gleichung wird mit (53.25) zu Null. Formt man den Integranden nach (53.7) um, so erhält man die (53.8) entsprechende Beziehung. Die weiteren Schritte der Herleitung führen auf:

$$E((\hat{a}(\underline{r})-a)^2) \geq (E((\frac{\partial \ln f_{\underline{r},a}(\underline{r},a)}{\partial a})^2))^{-1} \tag{53.29}$$

bzw.

$$E((\hat{a}(\underline{r})-a)^2) \geq (-E(\frac{\partial^2 \ln f_{\underline{r},a}(\underline{r},a)}{\partial a^2}))^{-1} \quad . \tag{53.30}$$

Diese Ungleichungen werden zu Gleichungen für (siehe (53.17)):

$$(\hat{a}(\underline{r})-a) \cdot k = \frac{\partial \ln f_{\underline{r},a}(\underline{r},a)}{\partial a} \quad . \tag{53.31}$$

Weil in (53.28) über $\underline{r}$ und a integriert wird, hängt hier die Konstante k in (53.31) nicht von a ab. Sofern für alle $\underline{r}$ und a (53.31) erfüllt ist, existiert ein wirksamer Schätzwert. Beachtet man, daß

$$\frac{\partial \ln f_{\underline{r},a}(\underline{r},a)}{\partial a} = \frac{\partial (\ln f_{a|\underline{r}}(a|\underline{r}) + \ln f_{\underline{r}}(\underline{r}))}{\partial a}$$

$$= \frac{\partial \ln f_{a|\underline{r}}(a|\underline{r})}{\partial a} \tag{53.32}$$

gilt, und vergleicht man (53.31) mit der MAP-Gleichung (51.19), so zeigt sich folgender Zusammenhang:

Wenn (53.31) gilt, d.h. wenn ein wirksamer Schätzwert existiert, dann ist dieser Schätzwert

1. gleich dem aus der MAP-Gleichung (51.19) berechneten und
2. gleich dem aus der Kostenfunktion des quadratischen Fehlers nach (51.12) gewonnenen, weil die minimale Varianz dieses Schätzwertes gleich der des wirksamen Schätzwertes sein muß.

Im Falle der Existenz eines wirksamen Schätzwertes ist es also gleichgültig, ob man den Schätzwert nach (51.12) oder (51.19) bestimmt. Man wählt in diesem Fall die mathematisch einfacher zu ermittelnde Lösung. Existiert kein wirksamer Schätzwert, gilt dieser Zusammenhang nicht, und man kann allgemein auch nichts über die Größe des minimalen Schätzfehlers aussagen.

Differenziert man (53.31) noch einmal nach a, so gilt:

$$\frac{\partial^2 \ln f_{\underline{r},a}(\underline{r},a)}{\partial a^2} = -k \quad . \tag{53.33}$$

Beachtet man die Beziehung in (53.32), so folgt entsprechend:

$$\frac{\partial^2 \ln f_{a|\underline{r}}(a|\underline{r})}{\partial a^2} = -k \quad . \tag{53.34}$$

Integriert man (53.34) zweimal nach a und setzt das Ergebnis in den Exponenten, so gilt:

$$f_{a|\underline{r}}(a|\underline{r}) = \exp(-\tfrac{1}{2}k\cdot a^2 + k_1(\underline{r})\cdot a + k_2(\underline{r})) \quad . \tag{53.35}$$

Daraus folgt: Die A-posteriori-Dichte von a muß eine Gaußsche Dichtefunktion für alle $\underline{r}$ sein, wenn ein wirksamer Schätzwert existieren soll.

5.4 Multiple Parameterestimation

Oft wird bei der Parameterestimation nicht nur nach der Größe eines Parameters, sondern nach der mehrerer Parameter gefragt. Diesen Fall bezeichnet man als multiple Parameterestimation. Entsprechend wurde bei der Detektion zwischen binärer und multipler Detektion unterschieden. Die bei der multiplen Parameterestimation zu schätzenden K Parameterwerte a_i werden zu einem Vektor $\underline{a}$ zusammengefaßt:

$$\underline{a} = (a_1, a_2, \ldots , a_K)^T \quad . \tag{54.1}$$

Die Komponenten von $\underline{a}$ können auch hier Realisierungen von Zufallsvariablen sein oder Größen, über die nichts weiter bekannt ist. Ein Beispiel für die multiple Parameterestimation stellt das Radarproblem dar, bei dem z.B. die Position, die Geschwindigkeit und die Größe eines Flugkörpers bestimmt werden sollen. Dazu werden die Laufzeit, die Dopplerfrequenzverschiebung und die Amplitude des vom Flugkörper reflektierten Sendesignals geschätzt.

Die Schätzverfahren, nach denen der Schätzwert $\hat{\underline{a}}(\underline{r})$ des Parametervektors $\underline{a}$ mit Hilfe des gestörten Empfangsvektors $\underline{r}$ bestimmt wird, entsprechen denen der einfachen Parameterestimation. Sie stellen lediglich eine Erweiterung auf K Dimensionen für den Parametervektor $\underline{a}$ dar.

5.4.1 Schätzverfahren

Die wichtigsten Schätzverfahren bei der einfachen Parameterestimation sind,

a) wenn die A-priori-Dichte des Parameters bekannt ist, auf dem Bayes-Kriterium beruhende Verfahren. Die Kostenfunktion des quadratischen Fehlers liefert einen Schätzwert nach (51.12) mit minimaler A-posteriori-Varianz . Die Kostenfunktion mit konstanter Bewertung großer Fehler liefert an Hand der MAP-Gleichung den Schätzwert, der mit größter A-posteriori-Wahrscheinlichkeit mit dem zu schätzenden Parameter übereinstimmt (51.19).

b) wenn keine A-priori-Information des Parameters bekannt ist, das auf der Likelihood-Gleichung (52.4) beruhende Verfahren.

Für diese Verfahren soll eine Erweiterung auf die multiple Parameterestimation erfolgen.

5.4.1.1 Parametervektor mit bekannter A-priori-Dichte

Die Anwendung des Bayes-Kriteriums erfordert die Angabe einer Kostenfunktion. Diese soll nur vom Fehlervektor

$$\underline{e} = (e_1, e_2, \ldots , e_K)^T$$
$$= \hat{\underline{a}}(\underline{r})-\underline{a} = (\hat{a}_1(\underline{r})-a_1, \ldots , \hat{a}_K(\underline{r})-a_K)^T \tag{54.2}$$

abhängen (siehe (5.3)). Das Risiko ist dann der Erwartungswert der Kostenfunktion $C(\underline{e})$

$$R = E(C(\underline{e})) = \iint_{-\infty}^{+\infty} \iint_{-\infty}^{+\infty} C(\hat{\underline{a}}(\underline{r})-\underline{a})\ f_{\underline{a},\underline{r}}(\underline{a},\underline{r})\ d\underline{r}\ d\underline{a}$$
$$= \iint_{-\infty}^{+\infty}\left(\iint_{-\infty}^{+\infty} C(\hat{\underline{a}}(\underline{r})-\underline{a})\ f_{\underline{a}|\underline{r}}(\underline{a}|\underline{r})\ d\underline{a}\right) f_{\underline{r}}(\underline{r})\ d\underline{r} \tag{54.3}$$

und soll durch Wahl von $\hat{\underline{a}}(\underline{r})$ zum Minimum gemacht werden. Dazu ist die Kostenfunktion $C(\underline{e})$ anzugeben. Mit der Kostenfunktion des quadratischen Fehlers gilt:

$$C(\underline{e}) = \sum_{j=1}^{K} e_j^2 = \underline{e}^T\underline{e} = (\hat{\underline{a}}(\underline{r})-\underline{a})^T(\hat{\underline{a}}(\underline{r})-\underline{a}) \quad . \tag{54.4}$$

Das hochgestellte T bezeichnet jeweils den transponierten Vektor. Das zu minimierende innere Integral in (54.3) lautet damit (siehe (51.8)):

$$I(\underline{r}) = \iint_{-\infty}^{+\infty} \sum_{j=1}^{K} (\hat{a}_j(\underline{r})-a_j)^2 \, f_{\underline{a}|\underline{r}}(\underline{a}|\underline{r}) \, d\underline{a} \quad . \tag{54.5}$$

Das Minimum wird erreicht für (siehe (51.12))

$$\hat{a}_j(\underline{r}) = \iint_{-\infty}^{+\infty} a_j \, f_{\underline{a}|\underline{r}}(\underline{a}|\underline{r}) \, d\underline{a} \tag{54.6}$$

bzw.

$$\hat{\underline{a}}(\underline{r}) = \iint_{-\infty}^{+\infty} \underline{a} \, f_{\underline{a}|\underline{r}}(\underline{a}|\underline{r}) \, d\underline{a} \quad . \tag{54.7}$$

Die Eigenschaften dieses Schätzwertes entsprechen denen im Fall der einfachen Parameterestimation. Für die Kostenfunktion mit konstanter Bewertung großer Fehler erhält man den Schätzwert für multiple Parameterestimation entsprechend [18]; dabei ist das Maximum der A-posteriori-Dichte $f_{\underline{a}|\underline{r}}(\underline{a}|\underline{r})$ zu bestimmen. Wenn die partiellen Ableitungen der Dichte nach den Parametern a_j existieren, dann ist die MAP-Gleichung eine notwendige Bedingung zur Bestimmung der $\hat{a}_j(\underline{r})$. Logarithmieren von $f_{\underline{a}|\underline{r}}(\underline{a}|\underline{r})$ und Differentiation nach den K Parametern a_j liefert die K Gleichungen:

$$\left.\frac{\partial \ln f_{\underline{a}|\underline{r}}(\underline{a}|\underline{r})}{\partial a_j}\right|_{\underline{a}=\hat{\underline{a}}(\underline{r})} = 0 \qquad j = 1 \ldots K \quad . \tag{54.8}$$

Mit dem Operator

$$\underline{\nabla}_a = \left(\frac{\partial}{\partial a_1}, \frac{\partial}{\partial a_2}, \ldots , \frac{\partial}{\partial a_K}\right)^T \tag{54.9}$$

kann man eine einfache Schreibweise für (54.8) gewinnen:

$$\underline{\nabla}_a \ln f_{\underline{a}|\underline{r}}(\underline{a}|\underline{r})\Big|_{\underline{a}=\hat{\underline{a}}(\underline{r})} = \underline{0} \quad . \tag{54.10}$$

Wenn $\hat{\underline{a}}(\underline{r})$ das absolute Maximum von $f_{\underline{a}|\underline{r}}(\underline{a}|\underline{r})$ angibt, ist $\hat{\underline{a}}(\underline{r})$ der gesuchte optimale Schätzvektor.

5.4.1.2 Parameterverktor ohne A-priori-Information

In diesem Fall liefert die Maximum-Likelihood-Estimation den gesuchten Schätzwert. Dazu ist der Wert $\hat{\underline{a}}(\underline{r})=\underline{a}$ zu finden, der $f_{\underline{r}|\underline{a}}(\underline{r}|\underline{a})$ maximiert. Wenn die partiellen Ableitungen von $\ln f_{\underline{r}|\underline{a}}(\underline{r}|\underline{a})$ im Bereich des Maximums existieren, dann liefern die Likelihood-Gleichungen eine notwendige Bedingung

$$\underline{\nabla}_a \ln f_{\underline{r}|\underline{a}}(\underline{r}|\underline{a})\Big|_{\underline{a}=\hat{\underline{a}}(\underline{r})} = \underline{0} \quad . \tag{54.11}$$

Damit $\hat{\underline{a}}(\underline{r})$ optimal ist, muß sichergestellt sein, daß $f_{\underline{r}|\underline{a}}(\underline{r}|\underline{a})$ ein absolutes Maximum für $\hat{\underline{a}}(\underline{r})$ besitzt.

5.4.2 Schätzfehler

Dem mittleren quadratischen Fehler bei einfacher Parameterestimation entspricht hier die Korrelationsmatrix des K-dimensionalen Fehlervektors $\underline{e}$. Wenn $\underline{a}$ eine Zufallsvariable ist, gilt also

$$\underline{\underline{S}}_{\underline{ee}} = E(\underline{e}\underline{e}^T) = E((\hat{\underline{a}}(\underline{r})-\underline{a})(\hat{\underline{a}}(\underline{r})-\underline{a})^T) \tag{54.12}$$

für die Fehlerkorrelationsmatrix. Wäre der Parameter keine Zufallsvariable, so würde der quadratische Mittelwert in (54.12) für den aktuellen Wert $\underline{a}$ des Parameters berechnet. Die Hauptdiagonale von $\underline{\underline{S}}_{\underline{ee}}$ enthält die mittleren quadratischen Fehler der Komponenten e_j.

Für einen erwartungstreuen Schätzvektor gilt entsprechend (5.7), wenn keine A-priori-Information über $\underline{a}$ vorliegt:

$$E(\hat{\underline{a}}(\underline{r})|\underline{a}) = \underline{a} \quad . \tag{54.13}$$

Macht man keinen Unterschied in der Bezeichnungsweise für die Korrelations- und Kovarianzmatrizen bei vorliegender oder fehlender A-priori-Information über den Parametervektor $\underline{a}$, so folgt mit (54.13) für $\underline{\underline{S}}_{\underline{ee}}$ bei fehlender A-priori-Information:

$$\underline{\underline{S}}_{\underline{ee}} = E((\hat{\underline{a}}(\underline{r})-E(\hat{\underline{a}}(\underline{r})|\underline{a}))(\hat{\underline{a}}(\underline{r})-E(\hat{\underline{a}}(\underline{r})|\underline{a}))^T)$$

$$= \underline{\underline{\Sigma}}_{\hat{a}\hat{a}} \quad , \qquad (54.14)$$

d.h. die Korrelationsmatrix von $\underline{e}$ ist gleich der Kovarianzmatrix von $\hat{\underline{a}}(\underline{r})=\hat{\underline{a}}$. Die Hauptdiagonalelemente sind gleich den Varianzen $Var(\hat{a}_i(\underline{r})|a_i)$ der Komponenten des Schätzvektors $\hat{\underline{a}}(\underline{r})$. Man wird anstreben, daß die Hauptdiagonalelemente von $\underline{\underline{S}}_{\underline{ee}}$ bzw. $\underline{\underline{\Sigma}}_{\hat{a}\hat{a}}$ möglichst klein werden. Wie bei der einfachen Parameterestimation soll nun untersucht werden, wo die untere Schranke für diese Komponenten liegt.

5.4.2.1 Minimale Fehlervarianz. Parametervektor ohne A-priori-Information

Für die Varianz jedes erwartungstreuen Schätzwerts bzw. für jede Fehlervarianz gilt:

$$Var(\hat{a}_i(\underline{r})|a_i) = E((\hat{a}_i(\underline{r})-a_i)^2|a_i) \geq J^{ii} \quad , \qquad (54.15)$$

wobei J^{ii} das ii-te Element der quadratischen K·K Matrix $\underline{J}^{-1}$ ist. Die Elemente J_{ij} von $\underline{J}$ sind

$$J_{ij} = E\left[\frac{\partial \ln f_{\underline{r}|\underline{a}}(\underline{r}|\underline{a})}{\partial a_i} \cdot \frac{\partial \ln f_{\underline{r}|\underline{a}}(\underline{r}|\underline{a})}{\partial a_j}\right]$$

$$= -E\left[\frac{\partial^2 \ln f_{\underline{r}|\underline{a}}(\underline{r}|\underline{a})}{\partial a_i \, \partial a_j}\right] \quad . \qquad (54.16)$$

Mit (54.9) kann man für $\underline{J}$ auch schreiben:

$$\underline{J} = E((\underline{\nabla}_a \ln f_{\underline{r}|\underline{a}}(\underline{r}|\underline{a}))(\underline{\nabla}_a \ln f_{\underline{r}|\underline{a}}(\underline{r}|\underline{a}))^T)$$

$$= -E(\underline{\nabla}_a(\underline{\nabla}_a \ln f_{\underline{r}|\underline{a}}(\underline{r}|\underline{a}))^T) \quad . \qquad (54.17)$$

Diese in (54.17) definierte Matrix wird häufig als Fishersche

Informationsmatrix bezeichnet.

Wie bei (53.17) wird die Ungleichung (54.15) zur Gleichung, wenn

$$\hat{a}_i(\underline{r})-a_i = \sum_{j=1}^{K} k_{ij}(\underline{a}) \frac{\partial \ln f_{\underline{r}|\underline{a}}(\underline{r}|\underline{a})}{\partial a_j} \tag{54.18}$$

für alle $\underline{r}$ und a_i gilt. Diese Beziehung besagt, daß der Schätzfehler als gewichtete Summe der partiellen Ableitungen von $\ln f_{\underline{r}|\underline{a}}(\underline{r}|\underline{a})$ bezüglich der Parameter a_i dargestellt werden muß. Gilt diese Beziehung, dann ist $\hat{\underline{a}}(\underline{r})$ ein wirksamer Schätzvektor. Zum Beweis von (54.15) benutzt man die Tatsache, daß $\hat{a}_i(\underline{r})$ erwartungstreu ist, was man nach den Überlegungen zur einfachen Parameterschätzung in (53.4) auch in der Form

$$\iint_{-\infty}^{+\infty} (\hat{a}_i(\underline{r})-a_i)\, f_{\underline{r}|\underline{a}}(\underline{r}|\underline{a})\, d\underline{r} = 0 \tag{54.19}$$

angeben kann. Differentiation nach a_j liefert mit den Voraussetzungen wie bei (53.5) und (53.6)

$$-\delta_{ij} \iint_{-\infty}^{+\infty} f_{\underline{r}|\underline{a}}(\underline{r}|\underline{a})\, d\underline{r} + \iint_{-\infty}^{+\infty} (\hat{a}_i(\underline{r})-a_i) \frac{\partial f_{\underline{r}|\underline{a}}(\underline{r}|\underline{a})}{\partial a_j}\, d\underline{r}$$

$$= -\delta_{ij} + \iint_{-\infty}^{+\infty} (\hat{a}_i(\underline{r})-a_i) \frac{\partial \ln f_{\underline{r}|\underline{a}}(\underline{r}|\underline{a})}{\partial a_j} f_{\underline{r}|\underline{a}}(\underline{r}|\underline{a})\, d\underline{r} = 0 \tag{54.20}$$

mit (53.7). Man kann weiter schreiben

$$E\left((\hat{a}_i(\underline{r})-a_i) \frac{\partial \ln f_{\underline{r}|\underline{a}}(\underline{r}|\underline{a})}{\partial a_j}\right) = \delta_{ij} \quad . \tag{54.21}$$

Definiert man zur Übersichtlichkeit der weiteren Rechnung den (K+1)-dimensionalen Hilfsvektor $\underline{x}$, dessen erste Komponente eine Zufallsvariable ist, so daß der Vektor selbst zu einem Zufallsvektor wird, wenn auch die übrigen Komponenten als Ableitungen von Dichtefunktionen determinierte Größen sind:

$$\underline{x} = \begin{bmatrix} \hat{a}_i(\underline{r}) - a_i \\ \dfrac{\partial \ln f_{\underline{r}|\underline{a}}(\underline{r}|\underline{a})}{\partial a_1} \\ \vdots \\ \dfrac{\partial \ln f_{\underline{r}|\underline{a}}(\underline{r}|\underline{a})}{\partial a_K} \end{bmatrix} , \tag{54.22}$$

so gilt für die Korrelationsmatrix dieses Vektors mit (54.16), (54.21) und der Tatsache, daß $\hat{a}_i(\underline{r})$ erwartungstreu ist

$$E(\underline{x}\underline{x}^T) = \begin{bmatrix} Var(\hat{a}_i(\underline{r})|a_i) & 0 \dots 1 \dots 0 \\ 0 & J_{11} \dots J_{1i} \dots J_{1K} \\ \vdots & \vdots \quad \vdots \quad \vdots \\ 1 & J_{i1} \dots J_{ii} \dots J_{iK} \\ \vdots & \vdots \quad \vdots \quad \vdots \\ 0 & J_{K1} \dots J_{Ki} \dots J_{KK} \end{bmatrix} . \tag{54.23}$$

In der ersten Zeile und Spalte steht nach (54.21) an der Stelle $j=i+1$ jeweils eine 1. Als Korrelationsmatrix muß $E(\underline{x}\underline{x}^T)$ nichtnegativ definit sein. Dies hat zur Folge, daß die zugehörige Determinante größer oder gleich Null ist:

$$|E(\underline{x}\underline{x}^T)| \geq 0 \quad . \tag{54.24}$$

Zur Berechnung der Determinante geht man von der ersten Zeile aus und erhält:

$$Var(\hat{a}_i(\underline{r})|a_i) \cdot |\underline{J}| + (-1)^i \cdot \begin{vmatrix} 0 & J_{11} \dots J_{1,i-1} & J_{1,i+1} \dots J_{1K} \\ \vdots & \vdots \quad \vdots & \vdots \quad \vdots \\ 1 & J_{i1} \dots J_{i,i-1} & J_{i,i+1} \dots J_{iK} \\ \vdots & \vdots \quad \vdots & \vdots \quad \vdots \\ 0 & J_{K1} \dots J_{K,i-1} & J_{K,i+1} \dots J_{KK} \end{vmatrix} \geq 0 \tag{54.25}$$

Entwicklung der Determinante nach der 1 in der ersten Spalte führt auf:

$$Var(\hat{a}_i(\underline{r})|a_i) \cdot |\underline{J}| + (-1)^i(-1)^{i-1} \cdot$$

$$\cdot \begin{vmatrix} J_{11} & \cdots J_{1,i-1} & J_{1,i+1} & \cdots J_{1K} \\ \vdots & \vdots & \vdots & \vdots \\ J_{i-1,1} & \cdots J_{i-1,i-1} & J_{i-1,i+1} & \cdots J_{i-1,K} \\ J_{i+1,1} & \cdots J_{i+1,i-1} & J_{i+1,i+1} & \cdots J_{i+1,K} \\ \vdots & \vdots & \vdots & \vdots \\ J_{K1} & \cdots J_{K,i-1} & J_{K,i+1} & \cdots J_{KK} \end{vmatrix}$$

$$= \mathrm{Var}(\hat{a}_i(\underline{r})|a_i)\cdot|\underline{J}| - 1\cdot|\underline{J}_{ii}| \geq 0 \quad . \tag{54.26}$$

In dieser Gleichung bezeichnet $|\underline{J}|$ die Determinante von $\underline{J}$ nach (54.17) und $|\underline{J}_{ii}|$ die Unterdeterminante von $\underline{J}$, die durch Streichen der i-ten Zeile und Spalte entsteht. Aus (54.26) folgt:

$$\mathrm{Var}(\hat{a}_i(\underline{r})|a_i) \geq \frac{|\underline{J}_{ii}|}{|\underline{J}|} = J^{ii} \quad , \tag{54.27}$$

sofern $\underline{J}$ nicht singulär ist. Der Ausdruck $J^{ii}=|\underline{J}_{ii}|/|\underline{J}|$ ist gleich dem ii-ten Element der Matrix $\underline{J}^{-1}$. Damit ist (54.15) bewiesen.

Es soll nun die Bedingung (54.18) für den wirksamen Schätzvektor näher betrachtet werden. Gilt (54.18), dann ist die erste Komponente des Vektors $\underline{x}$ nach (54.22) linear von den übrigen Komponenten abhängig. Für die Korrelationsmatrix $E(\underline{x}\underline{x}^T)$ bedeutet dies, daß die erste Zeile durch eine Linearkombination der übrigen Zeilen darstellbar ist. Damit wird die Determinante $|E(\underline{x}\underline{x}^T)|$ zu Null, d.h. die Ungleichung (54.24) wird zur Gleichung, und in (54.27) steht das Ungleichheitszeichen.

Man kann eine weitere Beziehung für einen wirksamen Schätzvektor ableiten. Dazu sei der 2K-dimensionale Hilfsvektor

$$\underline{y} = \begin{bmatrix} \hat{a}_1(\underline{r}) - a_1 \\ \vdots \\ \hat{a}_K(\underline{r}) - a_K \\ \dfrac{\partial \ln f_{\underline{r}|\underline{a}}(\underline{r}|\underline{a})}{\partial a_1} \\ \vdots \\ \dfrac{\partial \ln f_{\underline{r}|\underline{a}}(\underline{r}|\underline{a})}{\partial a_K} \end{bmatrix} \tag{54.28}$$

betrachtet. Bildet man die zugehörige Korrelationsmatrix, so gilt mit (54.16), (54.21), der Erwartungstreue von $\hat{\underline{a}}(\underline{r})$ und (54.14):

$$E(\underline{y}\underline{y}^T) = \left[\begin{array}{ccc|ccc} Var(\hat{a}_1(\underline{r})|a_1) & \ldots & \sigma_{1K} & 1 & \ldots & 0 \\ \vdots & & \vdots & \vdots & & \vdots \\ \sigma_{K1} & \ldots & Var(\hat{a}_K(\underline{r})|a_K) & 0 & \ldots & 1 \\ \hline 1 & \ldots & 0 & J_{11} & \ldots & J_{1K} \\ \vdots & & \vdots & \vdots & & \vdots \\ 0 & \ldots & 1 & J_{K1} & \ldots & J_{KK} \end{array}\right]$$

$$= \left[\begin{array}{c|c} \underline{\Sigma}_{\hat{a}\hat{a}} & \underline{I} \\ \hline \underline{I} & \underline{J} \end{array}\right] \quad . \tag{54.29}$$

Weil es eine Korrelationsmatrix ist, muß sie nichtnegativ definit sein. Die zugehörige Determinante ist dann größer oder gleich Null. Für die Determinante der Matrix (54.29) gilt damit:

$$|E(\underline{y}\underline{y}^T)| = |\underline{\Sigma}_{\hat{a}\hat{a}}\,\underline{J} - \underline{I}| \geq 0 \quad . \tag{54.30}$$

Unter der Annahme, daß $\underline{\Sigma}_{\hat{a}\hat{a}}$ nichtsingulär ist, kann man schreiben:

$$|\underline{\Sigma}_{\hat{a}\hat{a}}| \cdot |\underline{J} - \underline{\Sigma}_{\hat{a}\hat{a}}^{-1}| \geq 0 \quad . \tag{54.31}$$

Wie im Fall der Determinante $|E(\underline{x}\underline{x}^T)|$ verschwindet $|\underline{\Sigma}_{\hat{a}\hat{a}}^{-1}|$, wenn (54.18) gilt, d.h. ein wirksamer Schätzvektor $\hat{\underline{a}}(\underline{r})$ existiert [8]:

$$|\underline{J} - \underline{\Sigma}_{\hat{a}\hat{a}}^{-1}| = 0 \quad . \tag{54.32}$$

Wenn

$$\underline{J} = \underline{\Sigma}_{\hat{a}\hat{a}}^{-1} \tag{54.33}$$

gilt, wird (54.32) sicher erfüllt sein. Damit stellt (54.33) eine hinreichende Bedingung dafür dar, daß ein wirksamer Schätzvektor $\hat{\underline{a}}(\underline{r})$ existiert.

5.4.2.2 Mittlerer quadratischer Fehler. Parametervektor mit bekannter A-priori-Dichte

Aus (53.22) und (54.15) folgt entsprechend:

$$E((\hat{\underline{a}}_i(\underline{r}) - a_i)^2) \geq J_a^{ii} \quad , \tag{54.34}$$

wenn der Parametervektor $\underline{\mathbf{a}}$ ein Zufallsvektor ist. J_a^{ii} ist das ii-te Element der Matrix $\underline{J}_a^{-1}$. Für $\underline{J}_a$ gilt

$$J_{a,ij} = E\left[\frac{\partial \ln f_{\underline{\mathbf{r}},\underline{\mathbf{a}}}(\underline{r},\underline{a})}{\partial a_i} \cdot \frac{\partial \ln f_{\underline{\mathbf{r}},\underline{\mathbf{a}}}(\underline{r},\underline{a})}{\partial a_j}\right]$$

$$= -E\left[\frac{\partial^2 \ln f_{\underline{\mathbf{r}},\underline{\mathbf{a}}}(\underline{r},\underline{a})}{\partial a_i \, \partial a_j}\right] \tag{54.35}$$

oder

$$\underline{J}_a = E((\underline{\nabla}_a \ln f_{\underline{\mathbf{r}},\underline{\mathbf{a}}}(\underline{r},\underline{a}))(\underline{\nabla}_a \ln f_{\underline{\mathbf{r}},\underline{\mathbf{a}}}(\underline{r},\underline{a}))^T)$$

$$= -E(\underline{\nabla}_a \, (\underline{\nabla}_a \ln f_{\underline{\mathbf{r}},\underline{\mathbf{a}}}(\underline{r},\underline{a}))^T) \quad . \tag{54.36}$$

Die Ungleichung (54.34) wird zur Gleichung, wenn

$$\hat{a}_i(\underline{r}) - a_i = \sum_{j=1}^{K} k_{ij} \frac{\partial \ln f_{\underline{\mathbf{r}},\underline{\mathbf{a}}}(\underline{r},\underline{a})}{\partial a_j} \tag{54.37}$$

für alle $\underline{r}$ und a_i gilt. Dies entspricht (53.31) und (54.18). Der Beweis von (54.34) entspricht dem für (54.15). Man geht aus von dem Fehler

$$F_i(\underline{a}) = \iint_{-\infty}^{+\infty} (\hat{a}_i(\underline{r}) - a_i) \, f_{\underline{\mathbf{r}}|\underline{\mathbf{a}}}(\underline{r}|\underline{a}) \, d\underline{r} \quad . \tag{54.38}$$

Multiplikation mit der A-priori-Dichte $f_{\underline{\mathbf{a}}}(\underline{a})$ und partielle Differentiation nach a_j liefert unter der Voraussetzung wie bei (53.24):

$$\frac{\partial}{\partial a_j} F_i(\underline{a})\, f_{\underline{a}}(\underline{a}) = \frac{d}{da_j} \iint_{-\infty}^{+\infty} (\hat{a}_i(\underline{r})-a_i)\, f_{\underline{r},\underline{a}}(\underline{r},\underline{a})\, d\underline{r}$$

$$= -\delta_{ij} \iint_{-\infty}^{+\infty} f_{\underline{r},\underline{a}}(\underline{r},\underline{a})\, d\underline{r}$$

$$+ \iint_{-\infty}^{+\infty} (\hat{a}_i(\underline{r})-a_i)\, \frac{\partial f_{\underline{r},\underline{a}}(\underline{r},\underline{a})}{\partial a_j}\, d\underline{r} \quad . \tag{54.39}$$

Integration nach $\underline{a}$ liefert mit

$$\lim_{\underline{a}\to\underline{\infty}} F_i(\underline{a})\, f_{\underline{a}}(\underline{a}) = 0 \quad , \tag{54.40}$$

$$\lim_{\underline{a}\to-\underline{\infty}} F_i(\underline{a})\, f_{\underline{a}}(\underline{a}) = 0 \tag{54.41}$$

und (53.7)

$$\delta_{ij} = \iint_{-\infty}^{+\infty} \iint_{-\infty}^{+\infty} (\hat{a}_i(\underline{r})-a_i)\, \frac{\partial f_{\underline{r},\underline{a}}(\underline{r},\underline{a})}{\partial a_j}\, d\underline{r}\, d\underline{a}$$

$$= \iint_{-\infty}^{+\infty} \iint_{-\infty}^{+\infty} (\hat{a}_i(\underline{r})-a_i)\, \frac{\partial \ln f_{\underline{r},\underline{a}}(\underline{r},\underline{a})}{\partial a_j}\, f_{\underline{r},\underline{a}}(\underline{r},\underline{a})\, d\underline{r}\, d\underline{a}$$

$$= E\left((\hat{a}_i(\underline{r})-a_i)\, \frac{\partial \ln f_{\underline{r},\underline{a}}(\underline{r},\underline{a})}{\partial a_j}\right) \quad . \tag{54.42}$$

Bildet man einen Hilfsvektor entsprechend (54.22), die Korrelationsmatrix nach (54.23) und die zugehörige Determinante, läßt sich (54.34) ganz entsprechend beweisen.

Der hinreichenden Bedingung (54.33) für einen wirksamen Schätzvektor $\hat{\underline{a}}(\underline{r})$ entspricht hier der Beziehung

$$\underline{J}_a = \underline{S}_{\underline{e}\underline{e}}^{-1} \quad . \tag{54.43}$$

Dabei ist $\underline{S}_{\underline{e}\underline{e}}$ die Korrelationsmatrix des Fehlervektors $\underline{e}$, wie sie in (54.12) angegeben wurde. Die Herleitung dieser Beziehung ist analog zu der von (54.33). Ebenso lassen sich die anderen Eigenschaften für den Schätzwert $\hat{a}(\underline{r})$ der einfachen Parameterestimation auf den Schätzwert $\hat{\underline{a}}(\underline{r})$ der multiplen Parameterestimation übertragen.

5.5 Lineare Schätzeinrichtung

Die bei den bisherigen Betrachtungen gemachten Vorraussetzungen zur Lösung des einfachen und multiplen Parameterschätzproblems sollen nun beim Entwurf des Empfängers um eine Annahme erweitert werden. In diesem Abschnitt sollen lineare Schätzeinrichtungen untersucht werden. Linear bedeutet, daß der Schätzvektor $\hat{\underline{a}}$ eine Linearkombination des gestörten Empfangsvektors $\underline{r}$ ist:

$$\hat{\underline{a}}(\underline{r}) = \underline{A}\ \underline{r} \quad . \qquad (55.1)$$

$\hat{\underline{a}}$ ist ein K-, $\underline{r}$ ein N-dimensionaler Vektor. Demzufolge ist $\underline{A}$ eine K-zeilige und N-spaltige Matrix, die zur Beschreibung der Schätzeinrichtung dient.

Bei der Bestimmung von $\underline{A}$ sollen die in Abschnitt 5.4.2 erwähnten Optimalitätskriterien verwendet werden. Danach sollen die Elemente der Hauptdiagonalen der Korrelationsmatrix $\underline{\underline{S}}_{\underline{ee}}$ des Fehlervektors $\underline{e}$

$$\underline{\underline{S}}_{\underline{ee}} = E(\underline{e}\underline{e}^T) = E((\hat{\underline{a}}(\underline{r})-\underline{a})(\hat{\underline{a}}(\underline{r})-\underline{a})^T) \qquad (55.2)$$

zum Minimum gemacht werden. Wie man zeigen kann [11], liefern lineare Systeme für Gaußsche Störungen das überhaupt mögliche Minimum dieses Schätzfehlers, .

Der Schätzvektor $\hat{\underline{a}}(\underline{r})$ soll erwartungstreu sein. Im Fall verfügbarer A-priori-Information, d.h. wenn die Dichte des Parametervektors $\underline{a}$ bekannt ist, soll mit (5.6) gelten:

$$E(\hat{\underline{a}}(\underline{r})) = E(\underline{a}) \qquad (55.3)$$

Es zeigt sich, daß die Lösung für eine lineare Schätzeinrichtung, die zu einem Minimum der quadratischen Mittelwerte der Fehlerkomponenten nach (55.2) führt, mit Hilfe des Gauß-Markoff-Theorems geschlossen angegeben werden kann. Dazu werden nur die Korrelationsmatrizen der Zufallsvektoren $\underline{a}$ und $\underline{r}$ benötigt. Darin besteht ein wesentlicher Vorteil der Schätzeinrichtungen. Bei dem bisher betrachteten Estimationsproblemen war die Kenntnis der Dichtefunktion erforderlich, d.h. man benötigte wesentlich mehr Information. Diese Art von Schätzeinrichtungen bezeichnet man deshalb als "verteilungsfreie" Schätzeinrichtungen.

5.5.1 Gauß-Markoff-Theorem

Die zu lösende Aufgabe besteht darin, diejenige lineare Schätzeinrichtung $\underline{A}$ nach (55.1) zu finden, die die Hauptdiagonalelemente von $\underline{\underline{S}}_{\underline{e}\underline{e}}$ zum Minimum macht. Das Gauß-Markoff-Theorem liefert unter diesen beiden Randbedingungen die gesuchte Lösung. Wenn die Korrelationsmatrizen

$$\underline{\underline{S}}_{\underline{a}\underline{a}} = E(\underline{a}\cdot\underline{a}^T) \quad , \tag{55.4}$$

$$\underline{\underline{S}}_{\underline{a}\underline{r}} = E(\underline{a}\cdot\underline{r}^T) \tag{55.5}$$

und

$$\underline{\underline{S}}_{\underline{r}\underline{r}} = E(\underline{r}\cdot\underline{r}^T) \tag{55.6}$$

bekannt sind und die inverse Matrix $\underline{\underline{S}}_{\underline{r}\underline{r}}^{-1}$ existiert, dann ist der gesuchte optimale Schätzwert einer linearen Schätzeinrichtung [26]

$$\hat{\underline{a}}(\underline{r}) = \underline{\underline{S}}_{\underline{a}\underline{r}}\, \underline{\underline{S}}_{\underline{r}\underline{r}}^{-1}\, \underline{r} \quad . \tag{55.7}$$

Dieser Schätzwert macht die Elemente der Hauptdiagonalen von

$$\underline{\underline{S}}_{\underline{e}\underline{e}} = \underline{\underline{S}}_{\underline{a}\underline{a}} - \underline{\underline{S}}_{\underline{a}\underline{r}}\, \underline{\underline{S}}_{\underline{r}\underline{r}}^{-1}\, \underline{\underline{S}}_{\underline{a}\underline{r}}^{T} \tag{55.8}$$

zum Minimum. Wenn zusätzlich die Bedingung

$$E(\underline{a}) = \underline{\underline{S}}_{\underline{ar}}\, \underline{\underline{S}}_{\underline{rr}}^{-1}\, E(\underline{r}) \tag{55.9}$$

erfüllt wird, ist der zum Schätzvektor $\hat{\underline{a}}(\underline{r})$ gehörige Zufallsvektor $\hat{\underline{a}}(\underline{r})$ erwartungstreu nach (5.6).

Vergleicht man (55.1) mit (55.7), so folgt für die lineare Schätzeinrichtung $\underline{A}$:

$$\underline{A} = \underline{\underline{S}}_{\underline{ar}}\, \underline{\underline{S}}_{\underline{rr}}^{-1} \quad . \tag{55.10}$$

Dieses Ergebnis gilt allgemein. Man benötigt dazu allein die Matrizen in (55.4) bis (55.6), d.h. die Kenntnis von anderen Größen, z.B. $\underline{\underline{S}}_{\underline{aa}}$, oder die Kenntnis darüber, wie der gestörte Empfangsvektor $\underline{r}$ von $\underline{a}$ funktional abhängt, ist nicht erforderlich. Ferner ist nichts über die Verknüpfung von $\underline{a}$ mit den Störungen $\underline{n}$ des Kanals vorausgesetzt, insbesondere, ob $\underline{a}$ und $\underline{n}$ miteinander korreliert sind oder nicht. Die Folgen dieser speziellen Annahmen sollen in den folgenden Abschnitten behandelt werden.

Zunächst soll das Gauß-Markoff-Theorem bewiesen werden, d.h. daß $\underline{A}$ nach (55.10) einen Schätzwert $\hat{\underline{a}}(\underline{r})$ liefert, der die Hauptdiagonalelemente von $\underline{\underline{S}}_{\underline{ee}}$ zum Minimum macht. Verwendet man bei der Berechnung der Korrelationsmatrix

$$\underline{\underline{S}}_{\underline{ee}} = E((\hat{\underline{a}}(\underline{r})-\underline{a})(\hat{\underline{a}}(\underline{r})-\underline{a})^T) \tag{55.11}$$

den Schätzwert

$$\hat{\underline{a}}(\underline{r}) = \underline{A}\ \underline{r} \quad , \tag{55.12}$$

so folgt:

$$\underline{\underline{S}}_{\underline{ee}} = E((\underline{A}\cdot\underline{r} - \underline{a})(\underline{A}\cdot\underline{r} - \underline{a})^T) \quad . \tag{55.13}$$

Beachtet man, daß für die Matrizen $\underline{X}$ und $\underline{Y}$ [37]

$$(\underline{X} + \underline{Y})^T = \underline{X}^T + \underline{Y}^T \tag{55.14}$$

$$(\underline{X}\ \underline{Y})^T = \underline{Y}^T\ \underline{X}^T \tag{55.15}$$

gilt, so folgt für (55.13):

$$\underline{\underline{S}}_{\underline{ee}} = E((\underline{A}\cdot\underline{r} - \underline{a})(\underline{r}^T\cdot\underline{A}^T - \underline{a}^T))$$

$$= E(\underline{A}\ \underline{r}\ \underline{r}^T\ \underline{A}^T - \underline{A}\ \underline{r}\ \underline{a}^T - \underline{a}\ \underline{r}^T\ \underline{A}^T + \underline{a}\ \underline{a}^T)$$

$$= \underline{A}\ E(\underline{r}\ \underline{r}^T)\ \underline{A}^T - \underline{A}\ E(\underline{r}\ \underline{a}^T) - E(\underline{a}\ \underline{r}^T)\ \underline{A}^T + E(\underline{a}\ \underline{a}^T) \quad . \tag{55.16}$$

Mit (55.4), (55.5) und (55.6) folgt daraus:

$$\underline{\underline{S}}_{\underline{ee}} = \underline{A}\ \underline{\underline{S}}_{\underline{rr}}\ \underline{A}^T - \underline{A}\ \underline{\underline{S}}_{\underline{ra}} - \underline{\underline{S}}_{\underline{ar}}\ \underline{A}^T + \underline{\underline{S}}_{\underline{aa}} \quad . \tag{55.17}$$

Beachtet man, daß

$$\underline{\underline{S}}_{\underline{ra}} = E(\underline{r}\ \underline{a}^T) = E(\underline{a}\ \underline{r}^T)^T = \underline{\underline{S}}_{\underline{ar}}^T \tag{55.18}$$

gilt, so folgt daraus:

$$\underline{\underline{S}}_{\underline{ee}} = \underline{A}\ \underline{\underline{S}}_{\underline{rr}}\ \underline{A}^T - \underline{\underline{S}}_{\underline{ar}}\ \underline{A}^T - \underline{A}\ \underline{\underline{S}}_{\underline{ar}}^T + \underline{\underline{S}}_{\underline{aa}} \quad . \tag{55.19}$$

In der Matrizenrechnung gilt für die Matrizen $\underline{X}$, $\underline{Y}$ und $\underline{Z}$ [37]:

$$\underline{X}\ \underline{Z}\ \underline{X}^T - \underline{Y}\ \underline{X}^T - \underline{X}\ \underline{Y}^T$$

$$= (\underline{X} - \underline{Y}\ \underline{Z}^{-1})\ \underline{Z}\ (\underline{X}^T - \underline{Z}^{-1}\underline{Y}^T) - \underline{Y}\ \underline{Z}^{-1}\underline{Y}^T \quad , \tag{55.20}$$

sofern $\underline{Z}^{-1}$ existiert. Für $\underline{\underline{S}}_{\underline{ee}}$ nach (55.19) folgt damit:

$$\underline{\underline{S}}_{\underline{ee}} = (\underline{A} - \underline{\underline{S}}_{\underline{ar}}\ \underline{\underline{S}}_{\underline{rr}}^{-1})\ \underline{\underline{S}}_{\underline{rr}}\ (\underline{A}^T - \underline{\underline{S}}_{\underline{rr}}^{-1}\ \underline{\underline{S}}_{\underline{ar}}^T)$$

$$- \underline{\underline{S}}_{\underline{ar}}\ \underline{\underline{S}}_{\underline{rr}}^{-1}\ \underline{\underline{S}}_{\underline{ar}}^T + \underline{\underline{S}}_{\underline{aa}} \quad . \tag{55.21}$$

Die Hauptdiagonalelemente von $\underline{\underline{S}}_{\underline{ee}}$ sollen durch Wahl von $\underline{A}$ möglichst klein werden. Nur der erste Term in (55.21) hängt von $\underline{A}$ ab, die beiden anderen sind bezüglich $\underline{A}$ Konstante. Weil der erste Term nichtnegativ definit ist, erreicht er sein Minimum bei Null. In diesem Fall wird dann aber auch $\underline{\underline{S}}_{\underline{ee}}$ zum Minimum, d.h. für

$$\underline{A} - \underline{\underline{S}}_{\underline{ar}}\ \underline{\underline{S}}_{\underline{rr}}^{-1} = \underline{0} \tag{55.22}$$

Tab 5.4 Gauß-Markoff-Theorem, allgemeine Form

Gauß-Markoff-Theorem

Voraussetzungen:
Kenntnis der Korrelationsmatrizen

$$\underline{\underline{S}}_{\underline{\underline{aa}}} = E(\underline{a}\cdot\underline{a}^T)$$

$$\underline{\underline{S}}_{\underline{\underline{ar}}} = E(\underline{a}\cdot\underline{r}^T)$$

$$\underline{\underline{S}}_{\underline{\underline{rr}}} = E(\underline{r}\cdot\underline{r}^T) \quad .$$

Das Gauß-Markoff-Theorem liefert eine lineare Schätzeinrichtung $\underline{\underline{A}}$, die den optimalen Schätzwert

$$\hat{\underline{a}}(\underline{r}) = \underline{\underline{A}}\ \underline{r}$$

liefert. Dieser Schätzwert führt auf eine Korrelationsmatrix $\underline{\underline{S}}_{\underline{\underline{ee}}}$ des Schätzfehlers $\underline{e}=\hat{\underline{a}}(\underline{r})-\underline{a}$ mit minimalen Hauptdiagonalelementen (minimaler mittlerer quadratischer Fehler).

Optimale Schätzeinrichtung:

$$\underline{\underline{A}} = \underline{\underline{S}}_{\underline{\underline{ar}}}\ \underline{\underline{S}}_{\underline{\underline{rr}}}^{-1}$$

Korrelationsmatrix $\underline{\underline{S}}_{\underline{\underline{ee}}}$ des Schätzfehlers $\underline{e}$ mit minimalen Hauptdiagonalelementen:

$$\underline{\underline{S}}_{\underline{\underline{ee}}} = \underline{\underline{S}}_{\underline{\underline{aa}}} - \underline{\underline{S}}_{\underline{\underline{ar}}}\ \underline{\underline{S}}_{\underline{\underline{rr}}}^{-1}\ \underline{\underline{S}}_{\underline{\underline{ar}}}^{T} = \underline{\underline{S}}_{\underline{\underline{aa}}} - \underline{\underline{A}}\ \underline{\underline{S}}_{\underline{\underline{ar}}}^{T}$$

Schätzwert $\hat{\underline{a}}(\underline{r})$ erwartungstreu, wenn die Beziehung

$$E(\underline{a}) = \underline{\underline{S}}_{\underline{\underline{ar}}}\ \underline{\underline{S}}_{\underline{\underline{rr}}}^{-1}\ E(\underline{r}) = \underline{\underline{A}}\ E(\underline{r})$$

erfüllt ist.

oder

$$\underline{A} = \underline{\underline{S}}_{ar} \underline{\underline{S}}_{rr}^{-1} \quad . \tag{55.23}$$

Dies stimmt aber mit der Behauptung in (55.10) überein. Für die Korrelationsmatrix $\underline{\underline{S}}_{ee}$ folgt mit (55.22) aus (55.21):

$$\underline{\underline{S}}_{ee} = \underline{\underline{S}}_{aa} - \underline{\underline{S}}_{ar} \underline{\underline{S}}_{rr}^{-1} \underline{\underline{S}}_{ar}^{T} \quad , \tag{55.24}$$

was mit (55.8) übereinstimmt.

Damit der Schätzwert $\hat{\underline{a}}(\underline{r})$ nach (55.7) erwartungstreu ist, muß

$$E(\underline{a}) = E(\hat{\underline{a}}(\underline{r})) = E(\underline{\underline{S}}_{ar} \underline{\underline{S}}_{rr}^{-1} \underline{r}) = \underline{\underline{S}}_{ar} \underline{\underline{S}}_{rr}^{-1} E(\underline{r}) \tag{55.25}$$

nach (5.6) gelten, was mit der eingangs genannten Bedingung (55.9) übereinstimmt.

5.5.2 Geometrische Interpretation des Gauß-Markoff-Theorems

Die Ergebnisse des Gauß-Markoff-Theorems lassen sich duch ein geometrisches Modell veranschaulichen, wenn man eine Korrespondenz zwischen der Korrelationsmatrix $\underline{\underline{S}}_{xy}$ der Zufallsvektoren $\underline{x}$ und $\underline{y}$ und dem Skalarprodukt der gemetrischen Vektoren $\underline{x}$ und $\underline{y}$ herstellt:

$$\underline{\underline{S}}_{xy} = E(\underline{x} \cdot \underline{y}^T) \hat{=} |\underline{x}||\underline{y}| \cos \sphericalangle(\underline{x},\underline{y}) = \underline{x}^T \underline{y} \quad . \tag{55.26}$$

Aus dieser Korrespondenz folgt, daß die Korrelationsmatrix verschwindet, wenn die Vektoren $\underline{x}$ und $\underline{y}$ senkrecht aufeinander stehen. Begründet wird diese Korrespondenz aus der ähnlichen Aufgabenstellung bei dem vom Gauß-Markoff-Theorem gelösten Schätzproblem und folgendem geometrischen Problem: Vorgegeben sei wie in Bild 5.11 eine Ebene, die von dem Vektor $\underline{z}$ mit den Komponenten $\underline{z}_1$ und $\underline{z}_2$ aufgespannt wird. In dieser Ebene ist der Vektor $\underline{x}$ zu finden, der einen minimalen Abstand von dem vorgegebenen Vektor $\underline{y}$ besitzt. Diese Aufgabenstellung kann man ganz entsprechend für

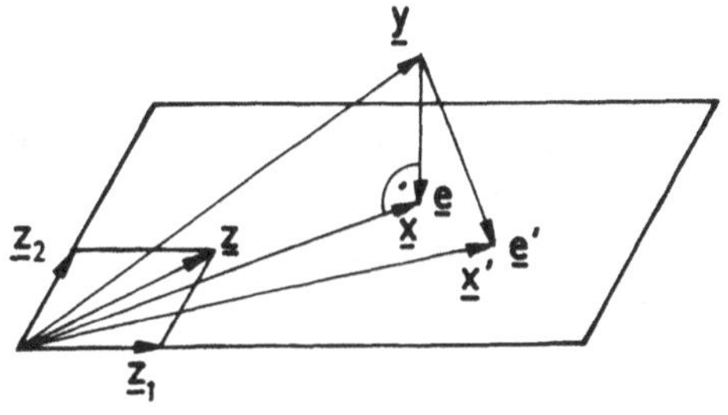

Bild 5.11 Zur Veranschaulichung des Orthogonalitätsprinzips

Tab. 5.5 Orthogonalitätsprinzip in der Geometrie und Schätztheorie

Problemstellungen	
Geometrisches Problem: $\underline{x} = ?$	Schätzproblem: $\hat{\underline{a}}(\underline{r}) = ?$
Optimalitätskriterium	
$\lvert\underline{x} - \underline{y}\rvert^2 = \lvert\underline{e}\rvert^2 \overset{!}{=} \mathrm{Min}$	$E((\hat{\underline{a}}(\underline{r})-\underline{a})^T(\hat{\underline{a}}(\underline{r})-\underline{a})) = E(\underline{e}^T\underline{e}) \overset{!}{=} \mathrm{Min}$
Linearität	
$\underline{x} = \sum_i a_i \cdot \underline{z}_i$	$\hat{\underline{a}}(\underline{r}) = \underline{A}\cdot\underline{r}$
Lösung	
$\underline{x} - \underline{y} \perp \underline{z}$; $(\underline{x} - \underline{y})^T\cdot\underline{z} = 0$	$\underline{S}_{\underline{e}\underline{r}} = E(((\hat{\underline{a}}(\underline{r})-\underline{a})\cdot\underline{r}^T) = \underline{0}$
$(\underline{x} - \underline{y})^T\cdot\underline{z} \mathrel{\hat{=}} \underline{S}_{\underline{e}\underline{r}} = E((\hat{\underline{a}}(\underline{r})-\underline{a})\cdot\underline{r}^T)$	

einen mehrdimensionalen Raum formulieren.

Bei beiden Aufgaben, dem Schätzproblem und dem geometrischen Problem, gelten folgende, gemeinsame Randbedingungen: Beim Optimalitätskriterium wird das Quadrat einer Differenz zum Minimum gemacht, das beim Schätzproblem zusätzlich gemittelt wird. Im einen Fall ist die Differenz der Schätzfehler, im anderen der Abstand zweier Vektoren. Der Lösungsvektor ist in beiden Fällen eine Linearkombination vorgegebener Größen, beim Schätzproblem der Komponenten des Meßvektors $\underline{r}$, beim geometrischen Problem der Komponenten $\underline{z}_i$ des die Ebene beschreibenden Vektors $\underline{z}$. Mit der Korrespondenz (55.26) und Tab. 5.5 entsprechen sich auch die Lösungen formal: Beim geometrischen Problem verschwindet das Skalarprodukt zwischen Differenzvektor $\underline{e}$ und vorgegebenem Vektor $\underline{z}$, beim Schätzproblem verschwindet die entsprechende Korrelationsmatrix zwischen Fehlervektor $\underline{e}$ und verfügbarem Meßvektor $\underline{r}$. Weil die Vektoren $\underline{e}$ und $\underline{z}$ senkrecht aufeinander stehen, d.h. orthogonal zueinander sind, bezeichnet man das Lösungsprinzip als **Orthogonalitätsprinzip**. Für das Schätzproblem nimmt das Orthogonalitätsprinzip folgende Form an:

$$\underline{\underline{S}}_{\underline{e}\underline{r}} = E(\underline{e}\cdot\underline{r}^T) = E((\hat{\underline{a}}(\underline{r})-\underline{a})\cdot\underline{r}^T) = \underline{0} \quad . \tag{55.27}$$

Man sagt auch, der Schätzfehler $\underline{e}$ und der Meßvektor $\underline{r}$ sind orthogonal zueinander. Die Gültigkeit von (55.27) wird später genauer nachgewiesen.

Aus Bild 5.11 und den Korrespondenzen in Tab 5.5 folgt weiter, daß der Schätzfehler $\underline{e}$ auch orthogonal zu dem Schätzvektor $\hat{\underline{a}}(\underline{r})$ ist:

$$\underline{\underline{S}}_{\underline{e}\hat{\underline{a}}} = E(\underline{e}\ \hat{\underline{a}}(\underline{r})^T) = E((\hat{\underline{a}}(\underline{r})-\underline{a})\ \hat{\underline{a}}(\underline{r})^T) = 0 \tag{55.28}$$

oder nach Umformung:

$$E(\hat{\underline{a}}(\underline{r})\cdot\hat{\underline{a}}(\underline{r}^T)) = E(\underline{a}\cdot\hat{\underline{a}}(\underline{r})^T) \quad . \tag{55.29}$$

Für den optimalen Schätzvektor $\hat{\underline{a}}(\underline{r})$ gilt jedoch nach (55.1) und (55.10), d.h. nach der Aussage des Gauß-Markoff-Theorems:

$$\hat{\underline{a}}(\underline{r}) = \underline{A} \ \underline{r} = \underline{S}_{\underline{a}\underline{r}} \ \underline{S}_{\underline{r}\underline{r}}^{-1} \ \underline{r} \quad . \tag{55.30}$$

Setzt man dies in (55.29) ein, so folgt:

$$\underline{S}_{\underline{a}\underline{r}} \ \underline{S}_{\underline{r}\underline{r}}^{-1} \ E(\underline{r} \ \underline{r}^T) \ (\underline{S}_{\underline{a}\underline{r}} \ \underline{S}_{\underline{r}\underline{r}}^{-1})^T = E(\underline{a} \ \underline{r}^T) \ (\underline{S}_{\underline{a}\underline{r}} \ \underline{S}_{\underline{r}\underline{r}}^{-1})^T \tag{55.31}$$

oder unter Verwendung der zugehörigen Korrelationsmatrizen:

$$\underline{S}_{\underline{a}\underline{r}} \ \underline{S}_{\underline{r}\underline{r}}^{-1} \ \underline{S}_{\underline{r}\underline{r}} \ (\underline{S}_{\underline{a}\underline{r}} \ \underline{S}_{\underline{r}\underline{r}}^{-1})^T = \underline{S}_{\underline{a}\underline{r}} \ (\underline{S}_{\underline{a}\underline{r}} \ \underline{S}_{\underline{r}\underline{r}}^{-1})^T \quad . \tag{55.32}$$

Mit der so gewonnenen Identität

$$\underline{S}_{\underline{a}\underline{r}} \ (\underline{S}_{\underline{a}\underline{r}} \ \underline{S}_{\underline{r}\underline{r}}^{-1})^T = \underline{S}_{\underline{a}\underline{r}} \ (\underline{S}_{\underline{a}\underline{r}} \ \underline{S}_{\underline{r}\underline{r}}^{-1})^T \tag{55.33}$$

ist aber bewiesen, daß die Kreuzkorrelationsmatrix $\underline{S}_{\underline{e}\underline{a}}$ verschwindet, sofern (55.30) gilt, d.h. $\hat{\underline{a}}(\underline{r})$ ein von $\underline{r}$ linear abhängiger Schätzvektor ist, der die Hauptdiagonalelemente der Fehlerkorrelationsmatrix zum Minimum macht.

Aus Bild 5.11 folgt weiter, daß das Skalarprodukt der den Zufallsvektoren $\hat{\underline{a}}(\underline{r})$ und $\underline{r}$ bzw. $\underline{a}$ und $\underline{r}$ entsprechenden geometrischen Vektoren verschwindet. Für die zugehörigen Korrelationsmatrizen muß also

$$\underline{S}_{\hat{\underline{a}}\underline{r}} = \underline{S}_{\underline{a}\underline{r}} \tag{55.34}$$

gelten. Zum Beweis dieser Beziehung multipliziert man (55.30) von rechts mit $\underline{r}^T$ und bildet den Erwartungswert der so gewonnenen Ausdrücke

$$\hat{\underline{a}}(\underline{r}) \ \underline{r}^T = \underline{S}_{\underline{a}\underline{r}} \ \underline{S}_{\underline{r}\underline{r}}^{-1} \ \underline{r} \ \underline{r}^T$$

$$E(\hat{\underline{a}}(\underline{r}) \ \underline{r}^T) = \underline{S}_{\underline{a}\underline{r}} \ \underline{S}_{\underline{r}\underline{r}}^{-1} \ E(\underline{r} \ \underline{r}^T) \quad . \tag{55.35}$$

Setzt man für die Erwartungswerte die zugehörigen Korrelationsmatrizen ein, so erhält man (55.34):

$$\underline{S}_{\hat{\underline{a}}\underline{r}} = \underline{S}_{\underline{a}\underline{r}} \ \underline{S}_{\underline{r}\underline{r}}^{-1} \ \underline{S}_{\underline{r}\underline{r}} = \underline{S}_{\underline{a}\underline{r}} \quad . \tag{55.36}$$

Man kann noch viele derartige Beziehungen auf Grund der geometrischen Gegebenheiten in Bild 5.11 ableiten. Hier sei zum Schluß noch einmal auf das Orthogonalitätsprinzip näher eingegangen. Nach (55.27) gilt:

$$\underline{S}_{\underline{e}\underline{r}} = \underline{0} \quad . \tag{55.37}$$

Um dies zu zeigen, verwendet man die Definition der Kreuzkorrelationsmatrix

$$\underline{S}_{\underline{e}\underline{r}} = E(\underline{e}\ \underline{r}^T) = E((\hat{\underline{a}}(\underline{r})-\underline{a})\ \underline{r}^T) = \underline{0} \quad . \tag{55.38}$$

Umformung dieses Ausdrucks liefert:

$$E(\hat{\underline{a}}(\underline{r})\ \underline{r}^T) = E(\underline{a}\ \underline{r}^T) \quad , \tag{55.39}$$

was mit (55.30) auf

$$\underline{S}_{\underline{a}\underline{r}}\ \underline{S}_{\underline{r}\underline{r}}^{-1}\ E(\underline{r}\ \underline{r}^T) = E(\underline{a}\ \underline{r}^T) \tag{55.40}$$

oder

$$\underline{S}_{\underline{a}\underline{r}}\ \underline{S}_{\underline{r}\underline{r}}^{-1}\ \underline{S}_{\underline{r}\underline{r}} = \underline{S}_{\underline{a}\underline{r}} \tag{55.41}$$

führt. Mit der Identität

$$\underline{S}_{\underline{a}\underline{r}} = \underline{S}_{\underline{a}\underline{r}} \tag{55.42}$$

ist aber das Orthogonalitätsprinzip (55.37) bewiesen. Es gilt für alle linearen Schätzsysteme, die den mittleren quadratischen Schätzfehler zum Minimum machen, und wird deshalb bei der Signalschätzung weiter verwendet werden [16].

5.5.3 Additive unkorrelierte Störungen

Es soll angenommen werden, daß für den gestörten Empfangsvektor

$$\underline{r} = \underline{s}(\underline{a}) + \underline{n}$$

$$= \underline{S}\ \underline{a} + \underline{n} \tag{55.43}$$

gilt. Dabei bezeichnet $\underline{S}$ die Signalmatrix mit N Zeilen und K Spalten. Sie beschreibt, wie die Parameter a_j des Vektors $\underline{a}$ auf das Sendesignal einwirken, so daß die Komponenten $s_i(\underline{a})$ des Signalvektors $\underline{s}(\underline{a})$ entstehen. Wenn zum Beispiel die K Parameter a_j jeweils nur auf eine Signalkomponente einwirken, indem sie deren Größe bestimmen, so sind nur die Diagonalelemente von $\underline{S}$ von Null verschieden. Wenn K<N gilt, was in der Praxis der Fall sein wird, dann kann in diesem Fall zum Beispiel die (K+1)-te Zeile von $\underline{S}$ in der ersten Spalte ein von Null verschiedenes Element und sonst nur Nullen aufweisen. Für K=2 und N=4 erhielte man etwa

$$\underline{S} = \begin{bmatrix} s_{11} & 0 \\ 0 & s_{22} \\ s_{31} & 0 \\ 0 & s_{42} \end{bmatrix} . \tag{55.44}$$

Ausgehend von (55.43) kann man die Kreuzkorrelationsmatrix $\underline{\underline{S}}_{\underline{ar}}$ und die Korrelationsmatrix $\underline{\underline{S}}_{\underline{rr}}$ bestimmen. Es gilt

$$\underline{\underline{S}}_{\underline{ar}} = E(\underline{a}\ \underline{r}^T) = E(\underline{a}\cdot(\underline{S}\ \underline{a} + \underline{n})^T)$$

$$= E(\underline{a}\ \underline{a}^T\underline{S}^T + \underline{a}\ \underline{n}^T)$$

$$= E(\underline{a}\ \underline{a}^T)\ \underline{S}^T + E(\underline{a}\ \underline{n}^T)$$

$$= \underline{\underline{S}}_{\underline{aa}}\ \underline{S}^T + \underline{\underline{S}}_{\underline{an}} \tag{55.45}$$

und

$$\underline{\underline{S}}_{\underline{rr}} = E(\underline{r}\ \underline{r}^T)$$

$$= E((\underline{S}\ \underline{a} + \underline{n})(\underline{S}\ \underline{a} + \underline{n})^T)$$

$$= E((\underline{S}\ \underline{a} + \underline{n})(\underline{a}^T\underline{S}^T + \underline{n}^T))$$

$$= E(\underline{S}\ \underline{a}\ \underline{a}^T\underline{S}^T + \underline{S}\ \underline{a}\ \underline{n}^T + \underline{n}\ \underline{a}^T\underline{S}^T + \underline{n}\ \underline{n}^T)$$

$$= \underline{S}\, E(\underline{a}\, \underline{a}^T)\, \underline{S}^T + \underline{S}\, E(\underline{a}\, \underline{n}^T) + E(\underline{n}\, \underline{a}^T)\, \underline{S}^T + E(\underline{n}\, \underline{n}^T)$$

$$= \underline{S}\, \underline{S}_{aa}\, \underline{S}^T + \underline{S}\, \underline{S}_{an} + \underline{S}_{na}\, \underline{S}^T + \underline{S}_{nn} \quad . \tag{55.46}$$

Mit

$$\underline{S}_{na} = \underline{S}_{an}^T \tag{55.47}$$

gilt schließlich:

$$\underline{S}_{rr} = \underline{S}\, \underline{S}_{aa}\, \underline{S}^T + \underline{S}\, \underline{S}_{an} + \underline{S}_{an}^T\, \underline{S}^T + \underline{S}_{nn} \quad . \tag{55.48}$$

Für die Ergebnisse des Gauß-Markoff-Theorems nach (55.7) und (55.8) gilt damit:

$$\hat{\underline{a}}(\underline{r}) = \underline{S}_{ar}\, \underline{S}_{rr}^{-1}\, \underline{r} \tag{55.49}$$

$$= (\underline{S}_{aa}\, \underline{S}^T + \underline{S}_{an})(\underline{S}\, \underline{S}_{aa}\, \underline{S}^T + \underline{S}\, \underline{S}_{an} + (\underline{S}\, \underline{S}_{an})^T + \underline{S}_{nn})^{-1}\, \underline{r}$$

und

$$\underline{S}_{ee} = \underline{S}_{aa} - \underline{S}_{ar}\, \underline{S}_{rr}^{-1}\, \underline{S}_{ar}^T$$

$$= \underline{S}_{aa} - (\underline{S}_{aa}\, \underline{S}^T + \underline{S}_{an})(\underline{S}\, \underline{S}_{an}\, \underline{S}^T + \underline{S}\, \underline{S}_{an} + (\underline{S}\, \underline{S}_{an})^T + \underline{S}_{nn})^{-1}$$

$$\cdot (\underline{S}_{an}\, \underline{S}^T + \underline{S}_{an})^T \quad . \tag{55.50}$$

Hierin wurde nicht berücksichtigt, daß $\underline{a}$ und $\underline{n}$ nicht miteinander korreliert sind. Berücksichtigt man dies, so gilt:

$$\underline{S}_{an} = \underline{0} \quad . \tag{55.51}$$

Damit vereinfachen sich (55.49) und (55.50):

$$\hat{\underline{a}}(\underline{r}) = (\underline{S}_{aa}\, \underline{S}^T)(\underline{S}\, \underline{S}_{aa}\, \underline{S}^T + \underline{S}_{nn})^{-1}\, \underline{r} \tag{55.52}$$

und

$$\underline{S}_{ee} = \underline{S}_{aa} - (\underline{S}_{aa}\, \underline{S}^T)(\underline{S}\, \underline{S}_{aa}\, \underline{S}^T + \underline{S}_{nn})^{-1}(\underline{S}_{aa}\, \underline{S}^T)^T \quad . \tag{55.53}$$

Diese Formeln erfordern die Umkehrung einer N-spaltigen und -zeiligen Matrix. N erreicht oft große Werte. Um eine Vereinfachung dieser Berechnung zu erzielen, benutzt man die Matrizengleichung

$$\underline{X}\ \underline{Y}^T (\underline{Y}\ \underline{X}\ \underline{Y}^T + \underline{Z})^{-1} = (\underline{X}^{-1} + \underline{Y}^T \underline{Z}^{-1} \underline{Y})^{-1} \underline{Y}^T \underline{Z}^{-1} \quad . \qquad (55.54)$$

Damit gilt:

$$\hat{\underline{a}}(\underline{r}) = (\underline{S}_{\underline{aa}}^{-1} + \underline{S}^T \underline{S}_{\underline{nn}}^{-1} \underline{S})^{-1} \underline{S}^T \underline{S}_{\underline{nn}}^{-1} \underline{r} \quad . \qquad (55.55)$$

Mit der Matrizengleichung

$$\underline{X} - \underline{X}\ \underline{Y}^T (\underline{Y}\ \underline{X}\ \underline{Y}^T + \underline{Z})^{-1} \underline{Y}\ \underline{X}^T = (\underline{X}^{-1} + \underline{Y}^T \underline{Z}^{-1} \underline{Y})^{-1} \qquad (55.56)$$

gilt für (55.53):

$$\underline{S}_{\underline{ee}} = (\underline{S}_{\underline{aa}}^{-1} + \underline{S}^T \underline{S}_{\underline{nn}}^{-1} \underline{S})^{-1} \quad . \qquad (55.57)$$

Die zu invertierenden Matrizen besitzen nur noch K<N Zeilen und Spalten. Dadurch vereinfacht sich die Berechnung erheblich und die Genauigkeit bei numerischer Rechnung erhöht sich.

5.5.4 Parametervektor ohne A-priori-Information

Bisher war stets angenommen worden, daß $\underline{a}$ ein Zufallsvektor ist, dessen Korrelationsmatrix $\underline{S}_{\underline{aa}}$ man kennt. Wenn der Vektor $\underline{a}$ irgendein Vektor ist, über den nichts weiter bekannt ist, muß man $\underline{S}_{\underline{aa}}$ in (55.55) und (55.57) als unbekannte Größe auffassen. Diesem Fall fehlender A-priori-Information entspricht die Korrelationsmatrix

$$\underline{S}_{\underline{aa}} \rightarrow \underline{\infty} \quad . \qquad (55.58)$$

In den Formeln (55.55) und (55.57) tritt jeweils $\underline{S}_{\underline{aa}}^{-1}$ auf. Mit

Tab. 5.6 Gauß-Markoff-Theorem, Folgerungen

Orthogonalitätsprinzip

Die Kreuzkorrelationsmatrix des minimierten Fehlervektors $\underline{e}$ und des gestörten Empfangsvektors $\underline{r}$ verschwindet:

$$E(\underline{e}\cdot\underline{r}^T) = \underline{\underline{S}}_{\underline{e}\underline{r}} = \underline{0} \quad ,$$

wenn der Schätzwert $\hat{\underline{a}}(\underline{r})$, der die Hauptdiagonalelemente der Korrelationsmatrix $\underline{\underline{S}}_{\underline{e}\underline{e}}$ des Schätzfehlers $\underline{e}=\hat{\underline{a}}(\underline{r})-\underline{a}$ minimiert, nach dem Gauß-Markoff-Theorem bestimmt wurde.

Vereinfachte Form des Gauß-Markoff-Theorems

Voraussetzungen:

a) Bekannt seien

$$\underline{\underline{S}}_{\underline{n}\underline{n}}^{-1} = E(\underline{n}\cdot\underline{n}^T)^{-1}$$

$$\underline{\underline{S}}_{\underline{a}\underline{a}} = E(\underline{a}\cdot\underline{a}^T)$$

b) Parametervektor $\underline{a}$ und Störvektor $\underline{n}$ seien unkorreliert, d.h. es gilt $\underline{\underline{S}}_{\underline{a}\underline{n}} = \underline{0}$

c) Parametervektor $\underline{a}$ und gestörter Empfangsvektor $\underline{r}$ seien nach der Beziehung $\underline{r}=\underline{\underline{S}}\cdot\underline{a}+\underline{n}$ miteinander verknüpft

Unter diesen Voraussetzungen liefert das Gauß-Markoff-Theorem:

Optimaler Schätzwert:

$$\hat{\underline{a}}(\underline{r}) = (\underline{\underline{S}}_{\underline{a}\underline{a}}^{-1} + \underline{\underline{S}}^T\,\underline{\underline{S}}_{\underline{n}\underline{n}}^{-1}\,\underline{\underline{S}})^{-1}\,\underline{\underline{S}}^T\,\underline{\underline{S}}_{\underline{n}\underline{n}}^{-1}\,\underline{r}$$

Optimale Fehlerkorrelationsmatrix:

$$\underline{\underline{S}}_{\underline{e}\underline{e}} = (\underline{\underline{S}}_{\underline{a}\underline{a}}^{-1} + \underline{\underline{S}}^T\,\underline{\underline{S}}_{\underline{n}\underline{n}}^{-1}\,\underline{\underline{S}})^{-1}$$

(55.58) ergibt sich hierfür $\underline{\underline{S}}_{\underline{\underline{aa}}}^{-1} \rightarrow \underline{\underline{0}}$. Dadurch vereinfacht sich (55.55) und (55.57):

$$\hat{\underline{a}}(\underline{r}) = (\underline{\underline{S}}^T \, \underline{\underline{S}}_{\underline{\underline{nn}}}^{-1} \, \underline{\underline{S}})^{-1} \, \underline{\underline{S}}^T \, \underline{\underline{S}}_{\underline{\underline{nn}}}^{-1} \, \underline{r} \qquad (55.59)$$

und

$$S_{\underline{\underline{ee}}} = (\underline{\underline{S}}^T \, \underline{\underline{S}}_{\underline{\underline{nn}}}^{-1} \, \underline{\underline{S}})^{-1} \quad . \qquad (55.60)$$

Diese Formeln für die lineare Schätzeinrichtung sind wegen ihrer Einfachheit sehr wichtig. Sie wurden durch spezielle Annahmen aus den allgemeinen Formeln (55.7) und (55.8) des Gauß-Markoff-Theorems gewonnen. Diese Annahmen seien hier zusammenfassend angegeben:

1. Die Korrelationsmatrix $\underline{\underline{S}}_{\underline{\underline{nn}}}$ der Störungen $\underline{n}$ stehe zur Verfügung.
2. Die Inverse $\underline{\underline{S}}_{\underline{\underline{nn}}}^{-1}$ existiere.
3. Die A-priori-Information des Parametervektors $\underline{a}$ sei unbekannt, d.h. für die Korrelationsmatrix $\underline{\underline{S}}_{\underline{\underline{aa}}}$ gelte $\underline{\underline{S}}_{\underline{\underline{aa}}} \rightarrow \underline{\underline{\infty}}$.
4. Parametervektor $\underline{a}$ und Störvektor $\underline{n}$ seien nicht korreliert, d.h. $\underline{\underline{S}}_{\underline{\underline{an}}} = \underline{\underline{0}}$.
5. Der optimale Schätzwert $\hat{\underline{a}}(\underline{r})$ für $\underline{a}$ ist eine Linearkombination von $\underline{r}$. $\hat{\underline{a}}(\underline{r})$ wird so gewählt, daß die Diagonalelemente der Korrelationsmatrix $S_{\underline{\underline{ee}}}$ des Fehlervektors $\underline{e}$ zum Minimum werden.
6. Der gestörte Empfangsvektor $\underline{r}$ ist mit dem Parametervektor $\underline{a}$ durch $\underline{r} = \underline{\underline{S}} \cdot \underline{a} + \underline{n}$ verknüpft.

5.5.5 Verbesserung der Schätzwerte

Es werde angenommen, daß mit Hilfe eines Vektors $\underline{r}$ bereits ein Schätzvektor $\hat{\underline{a}}(\underline{r})$ für die zu bestimmenden Parameter ermittelt wurde. Dabei soll $\hat{\underline{a}}(\underline{r})$ bzw. $\underline{a}$ ein K-dimensionaler Vektor sein, wärend $\underline{r}$ im Gegensatz zur bisherigen Annahme ein p-dimensionaler Vektor mit p≥K sei, der mit $\underline{r}^P$ bezeichnet werde.

Es soll nun untersucht werden, wie sich der Schätzvektor für die zu bestimmenden Parameter ändert, wenn zusätzlich ein Vektor $\underline{r}^q$ aus q Komponenten zur Verfügung stehe. Dabei gelte:

$$N = p + q \quad , \tag{55.61}$$

wobei N die Dimension des bisher betrachteten Vektors $\underline{r}$ ist. Durch die zusätzlichen Daten des Vektors $\underline{r}^q$ kann man einen Schätzvektor $\hat{\underline{a}}(\underline{r})$ bestimmen, der besser ist als der lediglich aus dem Vektor $\underline{r}^p$ gewonnene.

Bevor die Formeln für den verbesserten Schätzvektor und die zugehörige Korrelationsmatrix des Schätzfehlers angegeben werden, muß der aus dem Vektor $\underline{r}^p$ gewonnene Schätzvektor $\hat{\underline{a}}(\underline{r}^p)$ bestimmt werden. Wie bisher werde angenommen, daß

$$\underline{r}^p = \underline{S}^p \, \underline{a} + \underline{n}^p \tag{55.62}$$

gelte. Dabei ist $\underline{n}^p$ der Störvektor, dessen Korrelationsmatrix $\underline{S}_{\underline{n}\underline{n}}^p$ bekannt sei. Ferner soll sich die inverse Matrix $(\underline{S}_{\underline{n}\underline{n}}^p)^{-1}$ bilden lassen. Die Störungen $\underline{n}^p$ und die Parameter $\underline{a}$ seien nicht miteinander korreliert, so daß die Korrelationsmatrix $\underline{S}_{\underline{a}\underline{n}}^p$ verschwindet:

$$\underline{S}_{\underline{a}\underline{n}}^p = (\underline{S}_{\underline{n}\underline{a}}^p)^T = \underline{0} \quad . \tag{55.63}$$

Schließlich sei nichts über die statistischen Eigenschaften der Parameter $\underline{a}$ bekannt, d.h. man kann nichts über die Korrelationsmatrix $\underline{S}_{\underline{a}\underline{a}}$ aussagen. Damit gilt $\underline{S}_{\underline{a}\underline{a}} \to \underline{\infty}$ oder

$$\underline{S}_{\underline{a}\underline{a}}^{-1} = \underline{0} \quad . \tag{55.64}$$

Damit sind die in Abschnitt 5.6.4 genannten Annahmen erfüllt, und der optimale Schätzvektor $\hat{\underline{a}}(\underline{r}^p)$ kann mit Hilfe von (55.59) bestimmt werden:

$$\hat{\underline{a}}(\underline{r}^p) = (\underline{S}^{pT} \, (\underline{S}_{\underline{n}\underline{n}}^p)^{-1} \, \underline{S}^p)^{-1} \, \underline{S}^{pT} \, (\underline{S}_{\underline{n}\underline{n}}^p)^{-1} \, \underline{r}^p \quad . \tag{55.65}$$

Für die Korrelationsmatrix $\underline{S}_{\underline{e}\underline{e}}^p$ des Schätzfehlers gilt nach (55.60) entsprechend:

$$\underline{\underline{S}}_{ee}^{p} = (\underline{S}^{pT} (\underline{\underline{S}}_{nn}^{p})^{-1} \underline{S}^{p})^{-1} \quad . \tag{55.66}$$

Setzt man dies in (55.65) ein, so folgt:

$$\hat{\underline{a}}(\underline{r}^{p}) = \underline{\underline{S}}_{ee}^{p} \underline{S}^{pT} (\underline{\underline{S}}_{nn}^{p})^{-1} \underline{r}^{p} \tag{55.67}$$

oder

$$(\underline{\underline{S}}_{ee}^{p})^{-1} \hat{\underline{a}}(\underline{r}^{p}) = \underline{S}^{pT} (\underline{\underline{S}}_{nn}^{p})^{-1} \underline{r}^{p} \quad . \tag{55.68}$$

Nun werde angenommen, daß zusätzlich der Vektor $\underline{r}^{q}$ zur Verfügung stehe, für den gelte

$$\underline{r}^{q} = \underline{S}^{q} \underline{a} + \underline{n}^{q} \quad . \tag{55.69}$$

Auch hier seien die Vektoren $\underline{n}^{q}$ und $\underline{a}$ nicht miteinander korreliert, d.h. es gelte:

$$\underline{\underline{S}}_{an}^{p} = \underline{0} \quad . \tag{55.70}$$

Es werde angenommen, daß der ursprüngliche Störvektor $\underline{n}^{p}$ und der neue Störvektor $\underline{n}^{q}$ nicht miteinander korreliert seien. Dann gilt

$$\underline{\underline{S}}_{nn}^{pq} = \underline{\underline{S}}_{nn}^{qp} = \underline{0} \quad . \tag{55.71}$$

Faßt man die Vektoren $\underline{r}^{p}$ und $\underline{r}^{q}$ zu einem einzigen zusammen, so erhält man wegen (55.61) den N-dimensionalen Vektor $\underline{r}$:

$$\underline{r} = \underline{S}\ \underline{a} + \underline{n} = \begin{bmatrix} \underline{r}^{p} \\ \underline{r}^{q} \end{bmatrix} = \begin{bmatrix} \underline{S}^{p} \\ \underline{S}^{q} \end{bmatrix} \underline{a} + \begin{bmatrix} \underline{n}^{p} \\ \underline{n}^{q} \end{bmatrix} \quad . \tag{55.72}$$

Um den Schätzwert $\hat{\underline{a}}(\underline{r})$ zu bestimmen, braucht man die Korrelationsmatrix $\underline{\underline{S}}_{nn}$, die hier durch $\underline{\underline{S}}_{nn}^{p}$ und $\underline{\underline{S}}_{nn}^{q}$ ausgedrückt werden soll. Aus der Definition folgt:

$$\underline{\underline{S}}_{nn} = E(\underline{n}\ \underline{n}^{T})\ E(\begin{bmatrix} \underline{n}^{p} \\ \underline{n}^{q} \end{bmatrix} (\underline{n}^{pT}, \underline{n}^{qT}))$$

$$= E\left(\begin{bmatrix} \underline{n}^p \underline{n}^{pT} & \underline{n}^p \underline{n}^{qT} \\ \underline{n}^q \underline{n}^{pT} & \underline{n}^q \underline{n}^{qT} \end{bmatrix}\right)$$

$$= \begin{bmatrix} \underline{S}_{\underline{nn}}^{p} & \underline{S}_{\underline{nn}}^{pq} \\ \underline{S}_{\underline{nn}}^{qp} & \underline{S}_{\underline{nn}}^{q} \end{bmatrix} \quad . \tag{55.73}$$

Wegen der Annahme in (55.71) gilt schließlich:

$$\underline{S}_{\underline{nn}} = \begin{bmatrix} \underline{S}_{\underline{nn}}^{p} & 0 \\ 0 & \underline{S}_{\underline{nn}}^{q} \end{bmatrix} \quad . \tag{55.74}$$

Der Schätzvektor $\hat{\underline{a}}(\underline{r})$, den man aus dem N-dimensionalen Vektor $\underline{r}$ erhält, ist nach (55.59) und (55.60)

$$\hat{\underline{a}}(\underline{r}) = (\underline{S}^T \underline{S}_{\underline{nn}}^{-1} \underline{S})^{-1} \underline{S}^T \underline{S}_{\underline{nn}}^{-1} \underline{r}$$

$$= \underline{S}_{\underline{ee}} \underline{S}^T \underline{S}_{\underline{nn}}^{-1} \underline{r} \quad . \tag{55.75}$$

Setzt man $\underline{S}_{\underline{nn}}$ nach (55.74) sowie $\underline{S}$ und $\underline{r}$ nach (55.72) in (55.75) ein, so folgt:

$$\hat{\underline{a}}(\underline{r}) = \left((\underline{S}^{pT}, \underline{S}^{qT}) \begin{bmatrix} \underline{S}_{\underline{nn}}^{p} & 0 \\ 0 & \underline{S}_{\underline{nn}}^{q} \end{bmatrix}^{-1} \begin{bmatrix} \underline{S}^p \\ \underline{S}^q \end{bmatrix}\right)^{-1}$$

$$\cdot (\underline{S}^{pT}, \underline{S}^{qT}) \begin{bmatrix} \underline{S}_{\underline{nn}}^{p} & 0 \\ 0 & \underline{S}_{\underline{nn}}^{q} \end{bmatrix}^{-1} \begin{bmatrix} \underline{r}^p \\ \underline{r}^q \end{bmatrix}$$

$$= \left((\underline{S}^{pT}, \underline{S}^{qT}) \begin{bmatrix} (\underline{S}_{\underline{nn}}^{p})^{-1} & 0 \\ 0 & (\underline{S}_{\underline{nn}}^{q})^{-1} \end{bmatrix} \begin{bmatrix} \underline{S}^p \\ \underline{S}^q \end{bmatrix}\right)^{-1}$$

$$\cdot (\underline{S}^{pT}, \underline{S}^{qT}) \begin{bmatrix} (\underline{S}_{\underline{nn}}^{p})^{-1} & 0 \\ 0 & (\underline{S}_{\underline{nn}}^{q})^{-1} \end{bmatrix} \begin{bmatrix} \underline{r}^p \\ \underline{r}^q \end{bmatrix}$$

$$= (\underline{S}^{pT} (\underline{S}_{\underline{nn}}^{p})^{-1} \underline{S}^p + \underline{S}^{qT} (\underline{S}_{\underline{nn}}^{q})^{-1} \underline{S}^q)^{-1}$$

$$\cdot (\underline{S}^{pT} (\underline{S}_{\underline{nn}}^{p})^{-1} \underline{r}^p + \underline{S}^{qT} (\underline{S}_{\underline{nn}}^{q})^{-1} \underline{r}^q) \quad . \tag{55.76}$$

Vergleicht man (55.76) mit (55.75), so zeigt sich, daß die Korrelationsmatrix $\underline{\underline{S}}_{\underline{ee}}$ des Schätzfehlers durch

$$\underline{\underline{S}}_{\underline{ee}} = (\underline{S}^{pT} (\underline{\underline{S}}_{\underline{nn}}^{p})^{-1} \underline{S}^{p} + \underline{S}^{qT} (\underline{\underline{S}}_{\underline{nn}}^{q})^{-1} \underline{S}^{q})^{-1} \qquad (55.77)$$

bzw. mit (55.66) durch

$$\underline{\underline{S}}_{\underline{ee}} = ((\underline{\underline{S}}_{\underline{ee}}^{p})^{-1} + \underline{S}^{qT} (\underline{\underline{S}}_{\underline{nn}}^{q})^{-1} \underline{S}^{q})^{-1} \qquad (55.78)$$

gegeben ist. Mit (55.68) folgt damit aus (55.76):

$$\hat{\underline{a}}(\underline{r}) = \underline{\underline{S}}_{\underline{ee}} \cdot ((\underline{\underline{S}}_{\underline{ee}}^{p})^{-1} \hat{\underline{a}}(\underline{r}^{p}) + \underline{S}^{qT} (\underline{\underline{S}}_{\underline{nn}}^{q})^{-1} \underline{r}^{q}) \quad . \qquad (55.79)$$

Die Gleichungen (55.78) und (55.79) beschreiben, wie man einen neuen optimalen Schätzwert bzw. eine neue Korrelationsmatrix des Schätzfehlers mit minimalen Hauptdiagonalelementen erhält, wenn ein neuer Vektor $\underline{r}^{q}$ zum bisher verfügbaren Vektor $\underline{r}^{p}$ hinzukommt. Die einzige zusätzliche Voraussetzung, die über die in Abschnitt 5.5.4 genannten hinausgeht, ist in (55.71) gegeben: Die Störkomponenten des hinzugekommenen Vektors $\underline{n}^{q}$ sind statistisch unabhängig von denen des alten Störvektors $\underline{n}^{p}$.

5.5.6 Verbesserte Schätzwerte: Kalman-Formeln

Durch Umformung der Beziehungen (55.78) und (55.79) mit Hilfe der Matrizenrechnung lassen sich neue, zuerst von **Kalman** angegebene Formeln finden. Multipliziert man (55.79) aus, so gilt:

$$\hat{\underline{a}}(\underline{r}) = \underline{\underline{S}}_{\underline{ee}} (\underline{\underline{S}}_{\underline{ee}}^{p})^{-1} \hat{\underline{a}}(\underline{r}^{p}) + \underline{\underline{S}}_{\underline{ee}} \underline{S}^{qT} (\underline{\underline{S}}_{\underline{nn}}^{q})^{-1} \underline{r}^{q} \quad . \qquad (55.80)$$

Zur Vereinfachung der Rechnung wird die Matrix $\underline{P}$ definiert:

$$\underline{P} = \underline{\underline{S}}_{\underline{ee}} \underline{S}^{qT} (\underline{\underline{S}}_{\underline{nn}}^{q})^{-1} \qquad (55.81)$$

oder mit (55.78)

$$\underline{P} = ((\underline{\underline{S}}_{\underline{ee}}^{p})^{-1} + \underline{S}^{qT} (\underline{\underline{S}}_{\underline{nn}}^{q})^{-1} \underline{S}^{q})^{-1} \underline{S}^{qT} (\underline{\underline{S}}_{\underline{nn}}^{q})^{-1} \quad . \qquad (55.82)$$

Dies läßt sich mit Hilfe der Matrizengleichung umformen, die für die drei Matrizen $\underline{X}$, $\underline{Y}$ und $\underline{Z}$ gilt, sofern $\underline{X}$ und $\underline{Z}$ umkehrbar sind:

$$\underline{X}\,\underline{Y}^T (\underline{Z} + \underline{Y}\,\underline{X}\,\underline{Y}^T)^{-1} = (\underline{X}^{-1} + \underline{Y}^T \underline{Z}^{-1} \underline{Y})^{-1} \underline{Y}^T \underline{Z}^{-1} \quad . \tag{55.83}$$

Setzt man für die Größen auf der rechten Seite von (55.83) die entsprechenden Größen der rechten Seite von (55.82) ein, so erhält man für die Matrix $\underline{P}$:

$$\underline{P} = \underline{S}_{\underline{ee}}^{p}\, \underline{S}^{qT} (\underline{S}_{\underline{nn}}^{q} + \underline{S}^{q}\, \underline{S}_{\underline{ee}}^{p}\, \underline{S}^{qT})^{-1} \quad . \tag{55.84}$$

Mit der unter denselben Voraussetzungen wie (55.83) gültigen Matrizengleichung

$$(\underline{X}^{-1} + \underline{Y}^T \underline{Z}^{-1} \underline{Y})^{-1} = \underline{X} - \underline{X}\,\underline{Y}^T (\underline{Y}\,\underline{X}\,\underline{Y}^T + \underline{Z})^{-1} \underline{Y}\,\underline{X}^T \tag{55.85}$$

erhält man für $\underline{S}_{\underline{ee}}$ nach (55.78), indem man die rechte Seite von (55.78) mit der linken Seite von (55.85) vergleicht:

$$\underline{S}_{\underline{ee}} = \underline{S}_{\underline{ee}}^{p} - \underline{S}_{\underline{ee}}^{p}\, \underline{S}^{qT} (\underline{S}^{q}\, \underline{S}_{\underline{ee}}^{p}\, \underline{S}^{qT} + \underline{S}_{\underline{nn}}^{q})^{-1} \underline{S}^{q}\, \underline{S}_{\underline{ee}}^{q} \quad . \tag{55.86}$$

Setzt man $\underline{P}$ nach (55.84) in (55.86) ein, so erhält man :

$$\underline{S}_{\underline{ee}} = \underline{S}_{\underline{ee}}^{p} - \underline{P}\, \underline{S}^{q}\, \underline{S}_{\underline{ee}}^{p} \quad . \tag{55.87}$$

$\underline{S}_{\underline{ee}}$ nach (55.87) in (55.80) eingesetzt, liefert:

$$\hat{\underline{a}}(\underline{r}) = (\underline{S}_{\underline{ee}}^{p} - \underline{P}\, \underline{S}^{q}\, \underline{S}_{\underline{ee}}^{p})(\underline{S}_{\underline{ee}}^{p})^{-1} \hat{\underline{a}}(\underline{r}^{p}) + \underline{S}_{\underline{ee}}\, \underline{S}^{qT} (\underline{S}_{\underline{nn}}^{q})^{-1} \underline{r}^{q} \quad . \tag{55.88}$$

Der zweite Term in (55.88) läßt sich mit Hilfe von $\underline{P}$ in (55.81) vereinfachen:

$$\hat{\underline{a}}(\underline{r}) = (\underline{S}_{\underline{ee}}^{p} - \underline{P}\, \underline{S}^{q}\, \underline{S}_{\underline{ee}}^{p})(\underline{S}_{\underline{ee}}^{p})^{-1} \hat{\underline{a}}(\underline{r}^{p}) + \underline{P}\, \underline{r}^{q}$$

$$= \hat{\underline{a}}(\underline{r}^p) - \underline{P}\,\underline{S}^q\,\hat{\underline{a}}(\underline{r}^p) + \underline{P}\,\underline{r}^q$$

$$= \hat{\underline{a}}(\underline{r}^p) - \underline{P}\,(\underline{S}^q\,\hat{\underline{a}}(\underline{r}^p) - \underline{r}^q) \quad . \tag{55.89}$$

In dieser Gleichung stellt $\underline{P}$ eine optimale Gewichtungsmatrix dar, so daß die Kombination aus altem Schätzwert $\hat{\underline{a}}(\underline{r}^p)$ und neuem Meßvektor $\underline{r}^q$ einen neuen Schätzvektor $\hat{\underline{a}}(\underline{r})$ liefert, der die mittleren quadratischen Fehler, d.h. die Hauptdiagonalenelemente von $\underline{\underline{S}}_{\underline{ee}}$ zu einem Minimum macht.

Die Formeln in (55.78) und (55.79) haben denselben Inhalt wie die in (55.87) und (55.89). Sie unterscheiden sich lediglich in der Art der erforderlichen mathematischen Operationen. Wenn die Dimension des Parametervektors $\underline{a}$ größer als die Dimension von $\underline{r}^q$ ist, d.h. wenn K>q gilt, dann sind die Kalman-Formeln in (55.87) und (55.89) günstiger als die in (55.78) und (55.79), weil die erforderlichen Matrizeninversionen weniger Aufwand erfordern. Für K<q ist die Rechnung mit den Formeln (55.78) und (55.79) günstiger.

Wegen ihrer Bedeutung seien hier noch einmal die Kalman-Formeln

$$\begin{aligned} \underline{P} &= \underline{\underline{S}}^p_{\underline{ee}}\,\underline{S}^{qT}\,(\underline{\underline{S}}^q_{\underline{nn}} + \underline{S}^q\,\underline{\underline{S}}^p_{\underline{ee}}\,\underline{S}^{qT})^{-1} \\ \hat{\underline{a}}(\underline{r}) &= \hat{\underline{a}}(\underline{r}^p) - \underline{P}\,(\underline{S}^q\,\hat{\underline{a}}(\underline{r}^p) - \underline{r}^q) \\ \underline{\underline{S}}_{\underline{ee}} &= \underline{\underline{S}}^p_{\underline{ee}} - \underline{P}\,\underline{S}^q\,\underline{\underline{S}}^p_{\underline{ee}} \end{aligned} \tag{55.90}$$

angegeben.

Für die Schätzeinrichtung, die diese Formeln apparativ realisiert, zeigt Bild 5.12 ein Blockschaltbild: Der neu hinzukommende gestörte Empfangsvektor $\underline{r}^q$ wird mit der optimalen Gewichtsmatrix $\underline{P}$ gewichtet und mit dem alten, aus $\underline{r}^p$ gewonnenen Schätzwert $\hat{\underline{a}}(\underline{r}^p)$ verknüpft, um den neuen Schätzwert $\hat{\underline{a}}(\underline{r})$ zu gewinnen. Damit der alte Schätzwert $\hat{\underline{a}}(\underline{r}^p)$ nicht verloren geht, wird er in einem Speicher solange gespeichert, bis $\underline{r}^q$ eingetroffen ist. Vorausgesetzt wird bei den Kalman-Formeln, daß bei dem alten und dem neuen Schätzwert Konsistenz vorliegt, d.h. daß in $\underline{r}^p$ und in $\underline{r}^q$ derselbe Parametervektor $\underline{a}$ enthalten ist. Wenn diese Vorausset-

Tab. 5.7 Gauß-Markoff-Theorem, $\underline{\underline{S}}_{\underline{\underline{aa}}}$ von $\underline{\underline{a}}$ unbekannt

---

Voraussetzungen:

a) Bekannt sei $\underline{\underline{S}}_{\underline{\underline{nn}}}^{-1} = E(\underline{n}\ \underline{n}^T)^{-1}$

b) Unbekannt sei $\underline{\underline{S}}_{\underline{\underline{aa}}} \to \underline{\underline{\infty}} : \underline{\underline{S}}_{\underline{\underline{aa}}}^{-1} = \underline{\underline{0}}$

c) Die Vektoren $\underline{a}$ und $\underline{n}$ seien unkorreliert, d.h. es gilt $\underline{\underline{S}}_{\underline{\underline{an}}} = \underline{\underline{0}}$

d) Die Verknüpfung der Vektoren $\underline{a}$ und $\underline{r}$ sei $\underline{r} = \underline{\underline{S}}\ \underline{a} + \underline{n}$

Unter diesen Voraussetzungen liefert das Gauß-Markoff-Theorem:
Optimaler Schätzwert:

$$\hat{\underline{a}}(\underline{r}) = (\underline{\underline{S}}^T\ \underline{\underline{S}}_{\underline{\underline{nn}}}^{-1}\ \underline{\underline{S}})^{-1}\ \underline{\underline{S}}^T\ \underline{\underline{S}}_{\underline{\underline{nn}}}^{-1}\ \underline{r}$$

Optimale Fehlerkorrelationsmatrix:

$$\underline{\underline{S}}_{\underline{\underline{ee}}} = (\underline{\underline{S}}^T\ \underline{\underline{S}}_{\underline{\underline{nn}}}^{-1}\ \underline{\underline{S}})^{-1}$$

Verbesserung des Schätzwertes $\hat{\underline{a}}(\underline{r}^p)$ aus p Komponenten von $\underline{r}^p$ durch weitere q Komponenten von $\underline{r}^q$ unter der zusätzlichen Voraussetzung $\underline{\underline{S}}_{\underline{\underline{nn}}}^{pq} = \underline{\underline{0}}$, d.h. die Störkomponenten der Vektoren $\underline{r}^p$ und $\underline{r}^q$ sind unkorreliert:

$$\hat{\underline{a}}(\underline{r}) = \underline{\underline{S}}_{\underline{\underline{ee}}}\ ((\underline{\underline{S}}_{\underline{\underline{ee}}}^p)^{-1}\ \hat{\underline{a}}(\underline{r}^p) + \underline{\underline{S}}^{qT}\ (\underline{\underline{S}}_{\underline{\underline{nn}}}^q)^{-1}\ \underline{r}^p)$$

$$\underline{\underline{S}}_{\underline{\underline{ee}}} = ((\underline{\underline{S}}_{\underline{\underline{ee}}}^p)^{-1} + \underline{\underline{S}}^{qT}\ (\underline{\underline{S}}_{\underline{\underline{nn}}}^q)^{-1}\ \underline{\underline{S}}^q)^{-1}$$

Durch Umformung entstehen die **Kalman-Formeln**:

$$\underline{\underline{P}} = \underline{\underline{S}}_{\underline{\underline{ee}}}^q\ \underline{\underline{S}}^{qT}\ (\underline{\underline{S}}_{\underline{\underline{nn}}}^q + \underline{\underline{S}}^q\ \underline{\underline{S}}_{\underline{\underline{ee}}}^p\ \underline{\underline{S}}^{qT})^{-1}$$

$$\hat{\underline{a}}(\underline{r}) = \hat{\underline{a}}(\underline{r}^p) - \underline{\underline{P}}\ (\underline{\underline{S}}^q\ \hat{\underline{a}}(\underline{r}^p) - \underline{r}^q)$$

$$\underline{\underline{S}}_{\underline{\underline{ee}}} = \underline{\underline{S}}_{\underline{\underline{ee}}}^p - \underline{\underline{P}}\ \underline{\underline{S}}^q\ \underline{\underline{S}}_{\underline{\underline{ee}}}^p$$

---

zung nicht erfüllt ist, kann man mit den neuen Daten $\underline{r}^q$ den Schätzwert $\hat{\underline{a}}(\underline{r}^p)$ nicht verbessern. Weil bei der Schätzeinrichtung nach Bild 5.12 sequentiell Daten des Empfangsvektors $\underline{r}$ ausgewertet werden, um daraus einen Schätzwert für den Parametervektor $\underline{a}$ zu gewinnen, nennt man diese Form der Parameterschätzung auch **sequentielle** Parameterschätzung.

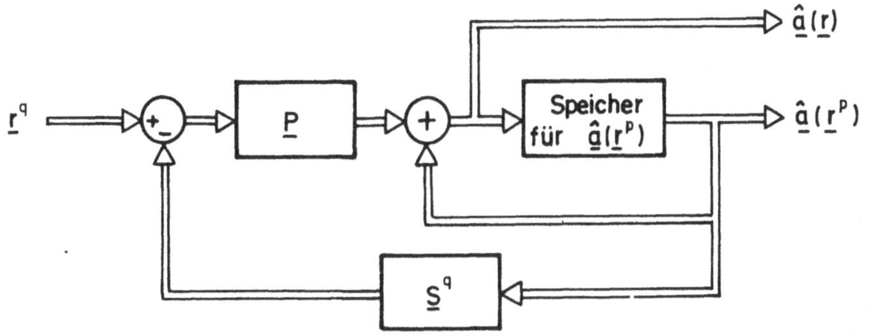

Bild 5.12 Schätzeinrichtung nach den Kalman-Formeln

5.6 Anwendung der Parameterschätzung bei der Datenübertragung

Ziel der Parameterschätzung bei der Datenübertragung ist es, nichtideale Eigenschaften des Kanals zu kompensieren, indem diejenigen Parameter bestimmt werden, die diese nichtidealen Eigenschaften beschreiben. Dazu gehören vornehmlich die Abweichungen des Frequenzganges vom idealen, verzerrungsfreien System, aber auch zeitliche Veränderungen des Kanals z.B. durch Schwunderscheinungen oder Fading. Während die erste Ursache, der nichtideale lineare Kanal, sich im Impulsnebensprechen bemerkbar macht, führt die zweite Ursache zu Pegelfehlanpassungen am Empfängereingang. Es soll gezeigt werden, wie es mit Methoden der Parameterschätzung gelingt, diese nachteiligen Eigenschaften des Übertragungskanals auszugleichen. Wegen der besonders wichtigen linearen Parameterschätzverfahren, die im vorausgehenden Abschnitt beschrieben wurden, sollen nur diese hier betrachtet werden.

5.6.1 Automatische Verstärkungsregelung (AGC)

Durch Schwunderscheinungen kann der Pegel des gestörten Empfangssignals am Eingang des Empfängers schwanken. Wenn diese Schwankungen nur langsamen Änderungen unterworfen sind, kann man sie durch eine automatische Verstärkungsregelung (Englisch: automatic gain control (AGC)) ausgleichen. Dazu kann man ein lineares Schätzverfahren verwenden. Für das gestörte Empfangssignal gelte:

$$r(t) = a(t)\cdot(s(t) + n(t)) \quad , \qquad (56.1)$$

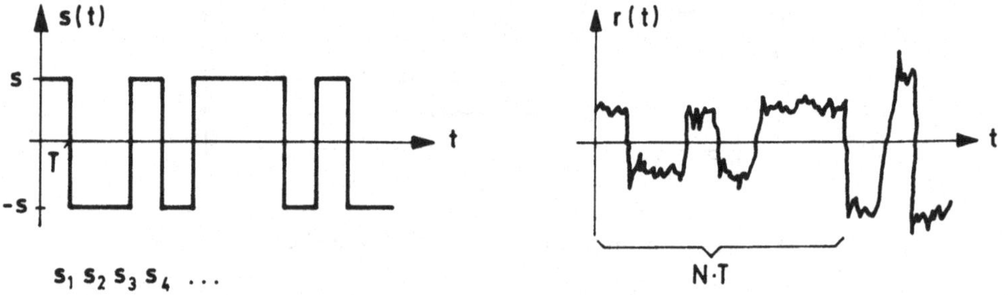

Bild 5.13 Ungestörtes Datensignal s(t) und durch Schwund und Rauschen gestörtes Empfangssignal r(t)

was durch Bild 5.13 veranschaulicht wird. Man nimmt dabei an, daß innerhalb der Zeit N·T der im Prinzip zeitveränderliche Faktor a(t) als konstant betrachtet werden kann. Durch ein lineares Parameterschätzsystem wird dieser Faktor ermittelt und zum Schwundausgleich am Eingang des Detektors verwendet, wie Bild 5.14 zeigt.

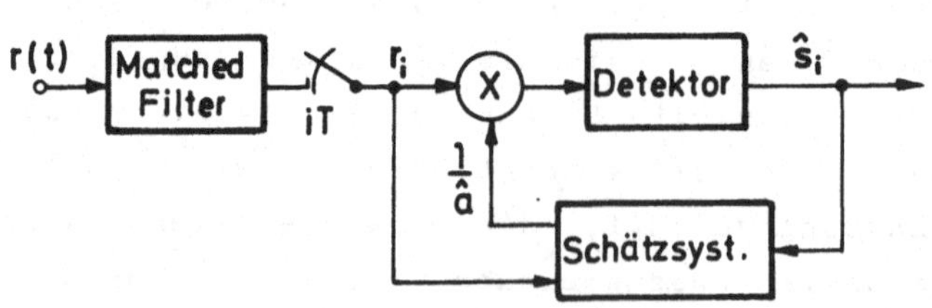

Bild 5.14 Schwundausgleich durch automatische Verstärkungsregelung

Für den Schätzvorgang steht dem linearen Schätzsystem, gekennzeichnet durch $\underline{A}$ nach (55.1), hier ein Zeilenvektor,

$$\hat{a}(\underline{r}) = \underline{A}\;\underline{r} \tag{56.2}$$

der aus den Abtastwerten von $\underline{r}(t)$ gebildete Vektor

$$\underline{r} = a\cdot(\underline{s} + \underline{n}) = (\underline{r}_1, \underline{r}_2, \ldots, \underline{r}_N)^T \tag{56.3}$$

mit N Komponenten zur Verfügung. Das Gauß-Markoff-Theorem liefert für das im Sinne des minimalen mittleren quadratischen Schätzfehlers optimale Schätzsystem nach (55.10):

$$\underline{A} = \underline{S}_{a\underline{r}}\;\underline{S}_{\underline{r}\underline{r}}^{-1} \quad . \tag{56.4}$$

$\underline{S}_{a\underline{r}}$ ist hier ebenfalls ein Zeilenvektor. Für ihn erhält man:

$$\begin{aligned} \underline{S}_{a\underline{r}} &= E(a\underline{r}^T) = E(aa\cdot(\underline{s} + \underline{n})^T) \\ &= E(a^2)\cdot\underline{s}^T + E(a^2)\cdot E(\underline{n}^T) \quad , \end{aligned} \tag{56.5}$$

wobei der Vektor $\underline{s}$ aus den Abtastwerten des Sendesignals s(t) wie in Bild 5.13 gebildet wird, die nach der Detektion als praktisch fehlerfrei bekannt vorausgesetzt werden. Damit sind diese Abtastwerte aber keine Zufallsvariablen, sondern determinierte Größen. Weiter wurde angenommen, daß die Störungen n(t) und der Parameter a nicht miteinander korreliert sind. Gilt ferner, daß die Störungen mittelwertfrei sind, einem weißen Prozeß entstammen und daß die Abtastwerte die Varianz σ^2 besitzen, so folgt:

$$E(\underline{n}) = 0 \tag{56.6}$$

$$E(n_i n_j) = \sigma^2 \delta_{ij} \quad . \tag{56.7}$$

Damit gilt aber für die zur Berechnung von $\underline{A}$ benötigten Größen nach (56.4):

$$\underline{S}_{a\underline{r}} = E(a^2)\cdot\underline{s}^T \tag{56.8}$$

$$\underline{\underline{S}}_{\underline{r}\underline{r}} = E(\underline{r}\ \underline{r}^T) = E(a\cdot(\underline{s} + \underline{n})(\underline{s} + \underline{n})^T\cdot a)$$

$$= E(a^2)\ \underline{s}\underline{s}^T + E(a^2)\ \underline{s}\ E(\underline{n}^T)$$

$$+ E(a^2)\ E(\underline{n})\ \underline{s}^T + E(a^2)\ E(\underline{n}\ \underline{n}^T)$$

$$= E(a^2)\cdot(\underline{s}\ \underline{s}^T + \underline{\underline{S}}_{\underline{n}\underline{n}}) \quad . \tag{56.9}$$

Für die Berechnung des Schätzsystems $\underline{A}$ benötigt man keine A-priori-Information in Form von $E(a^2)$, dem quadratischen Mittelwert von a, wie folgende Rechnung zeigt:

$$\underline{A} = \underline{S}_{a\underline{r}}\ \underline{\underline{S}}_{\underline{r}\underline{r}}^{-1} = E(a^2)\ \underline{s}^T\ E(a^2)^{-1}\ (\underline{s}\ \underline{s}^T - \underline{\underline{S}}_{\underline{n}\underline{n}})^{-1}$$

$$= \underline{s}^T\cdot(\underline{s}\ \underline{s}^T + \underline{\underline{S}}_{\underline{n}\underline{n}})^{-1} \quad . \tag{56.10}$$

Aus der Matrizenumformung

$$\underline{X}\ \underline{Y}^T(\underline{Y}\ \underline{X}\ \underline{Y}^T + \underline{Z})^{-1} = (\underline{X}^{-1} + \underline{Y}^T\ \underline{Z}^{-1}\ \underline{Y})^{-1}\ \underline{Y}^T\ \underline{Z}^{-1} \tag{56.11}$$

folgt schließlich mit den Korrespondenzen

$$\underline{X} = 1 \quad ; \quad \underline{Y} = \underline{s} \quad ; \quad \underline{Z} = \underline{\underline{S}}_{\underline{n}\underline{n}} \tag{56.12}$$

für das optimale Schätzsystem bei unkorrelierten Komponenten des Störvektors $\underline{n}$, d.h. mit $\underline{\underline{S}}_{\underline{n}\underline{n}}=\sigma^2\cdot\underline{I}$:

$$\underline{A} = (1 + \underline{s}^T\ \underline{\underline{S}}_{\underline{n}\underline{n}}{}^{-1}\ \underline{s})^{-1}\ \underline{s}^T\ \underline{\underline{S}}_{\underline{n}\underline{n}}^{-1}$$

$$= (1 + \frac{1}{\sigma^2}\ \underline{s}^T\ \underline{s})^{-1}\ \underline{s}^T\ \frac{1}{\sigma^2} = (1 + \frac{1}{\sigma^2}\ N\cdot s^2)^{-1}\ \underline{s}^T\frac{1}{\sigma^2}$$

$$= \frac{1}{\sigma^2 + Ns^2}\ \underline{s}^T \quad , \tag{56.13}$$

wobei der Ausdruck s^2 dadurch zustande kommt, daß die Komponenten des Vektors $\underline{s}$ alle gleich $s_i=\pm s$ sind. Für den Schätzwert $\hat{a}(\underline{r})$ selbst gilt, wenn man für die Komponente s_i des Sendesignalvektors $\underline{s}$ den Schätzwert des Detektors einsetzt, wobei dieser als praktisch fehlerfrei vorausgesetzt wird:

$$\hat{a}(\underline{r}) = \underline{A}\cdot\underline{r} = \frac{1}{\sigma^2 + Ns^2}\,\underline{s}^T\cdot\underline{r} = \frac{1}{\sigma^2 + Ns^2}\sum_{i=1}^{N} s_i\cdot r_i \quad . \qquad (56.14)$$

Das zugehörige Schätzsystem zeigt Bild 5.15.

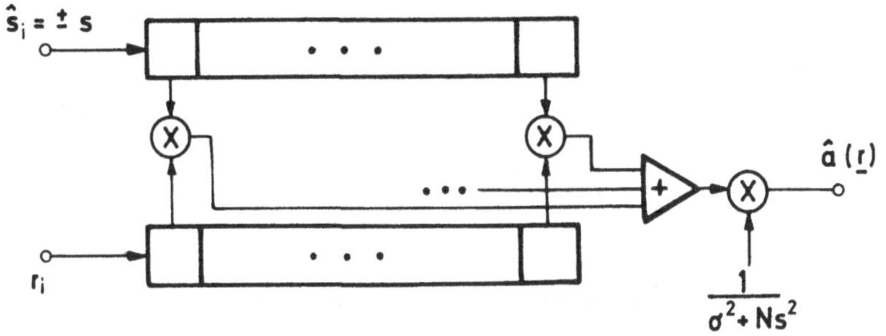

Bild 5.15 Schätzsystem für $\hat{a}(\underline{r})$

Der mittlere quadratische Schätzfehler nach (55.24) mit $e=\hat{a}(\underline{r})-a$

$$\begin{aligned} s_{ee} = s_{aa} - \underline{A}\;\underline{S}_{a\underline{r}}^T &= E(a^2) - \frac{1}{\sigma^2 + Ns^2}\underline{s}^T\,E(a^2)\;\underline{s} \\ &= E(a^2)\cdot\left(1 - \frac{Ns^2}{\sigma^2 + Ns^2}\right) \qquad (56.15) \\ &= E(a^2)\;\frac{\sigma^2}{\sigma^2 + Ns^2} = E(a^2)\;\frac{1}{1 + Ns^2/\sigma^2} \end{aligned}$$

verschwindet für $N\to\infty$, d.h. es handelt sich um ein konsistentes Schätzverfahren.

Wie folgende Rechnung zeigt, ist der Schätzwert lediglich asymptotisch erwartungstreu in der Definition von (5.7):

$$E(\hat{a}(\underline{r})\,|\,a) = E\left[\frac{1}{\sigma^2 + Ns^2}\sum_{i=1}^{N} r_i\cdot s_i\,|\,a\right]$$

$$= \frac{1}{\sigma^2 + Ns^2}\sum_{i=1}^{N} s_i\cdot E(a\cdot(s_i+n_i)\,|\,a)$$

$$= \frac{Ns^2}{\sigma^2 + Ns^2} \cdot a \quad . \qquad (56.16)$$

Gegen das Schätzverfahren mag man einwenden, daß die Kenntnis der s_i fehlerfrei vorausgesetzt wird und daß zudem die Schätzung nicht erwartungstreu ist. Dagegen ist zu sagen, daß die Fehlerraten bei der Datenübertragung sehr gering sind, z.B. von $P(F)=10^{-4}$ bis $P(F)=10^{-5}$ liegen. Daraus folgt aber, daß die Fehlerfreiheit bei der Schätzung von s_i mit guter Näherung angenommen werden kann und daß mit $\sigma^2 \ll Ns^2$ der Schätzwert praktisch erwartungstreu ist.

5.6.2 Entzerrung von linearen Übertragungskanälen

Bei Daten-Modems, die als Sender zur Aufbereitung von Daten für den nachfolgenden Übertragungskanal dienen, werden die Sendedaten durch Tiefpässe stets in praktisch bandbegrenzte Signale umgeformt. Will man diese Signale verzerrungsfrei, d.h. ohne Änderung ihrer Form im Zeitbereich, über den nachfolgenden Übertragungskanal übertragen, so muß man fordern, daß er innerhalb der Bandbreite der Sendesignale ideale Eigenschaften besitzt. Damit ist gemeint, daß die Dämpfung bzw. der Amplitudengang konstant und die Phase frequenzproportional ist, wie dies Bild 5.16 zeigt.

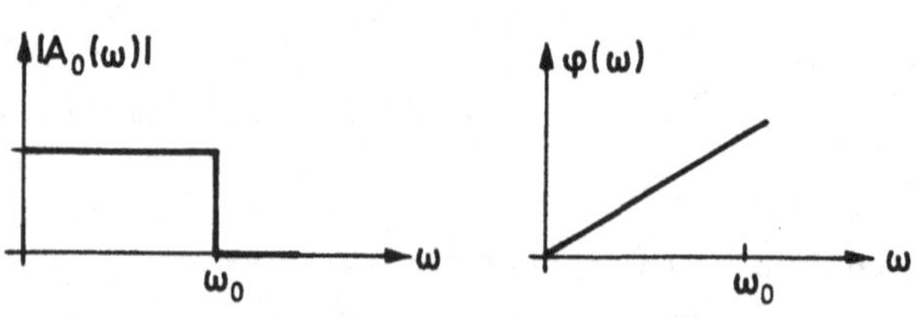

Bild 5.16 Amplituden- und Phasengang eines linearen verzerrungsfreien Übertragungssystems

Praktisch vorkommende Kanäle besitzen diese Eigenschaft nicht, ihr Amplitudengang ist nicht konstant, ihre Phase nicht linear innerhalb des Frequenzbereichs, den das Sendesignal einnimmt.

Deshalb ändern sich die Signalformen für die Sendesignale im Kanal. Nimmt man an, daß ein Binärsignal zu übertragen ist, so kann die Änderung so stark sein, daß einzelne, die Binärzeichen repräsentierenden Signale sich überlappen und keinen eindeutigen Rückschluß auf die ursprüngliche Binärfolge mehr zulassen. Man bezeichnet dieses Phänomen als Impulsnebensprechen, für das Bild 5.17 ein Beispiel zeigt: die Binärfolge wird durch ein bipolares Signal repräsentiert, wobei eine "1" abwechselnd einen positiven oder negativen Amplitudenwert, eine "0" die Amplitude Null besitzt.

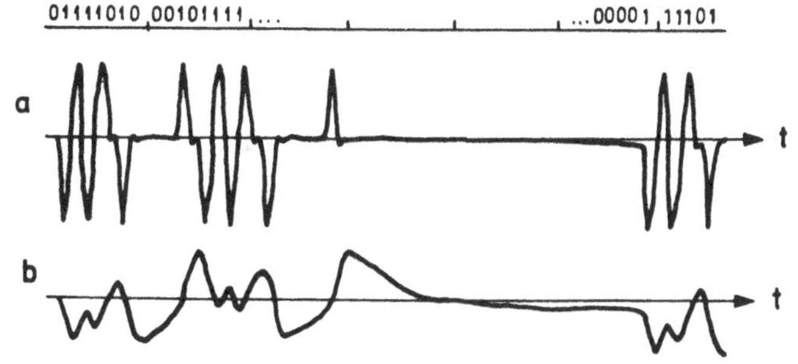

Bild 5.17 Übertragung einer Binärfolge durch ein bipolares Signal. a) gesendetes Signal, b) verzerrtes empfangenes Signal ohne Rauschen

Der völlig verzerrungsfreie Kanal mit unbeschränkter Bandbreite besitzt eine Impulsantwort in Form eines Dirac-Stoßes, bei Bandbegrenzung nach Bild 5.16 besitzt er eine Impulsantwort der Form

$$a_0(t) = \frac{\sin \pi t/\tau}{\pi t/\tau} \quad . \tag{56.17}$$

Für einen verzerrenden Kanal mit der Impulsantwort $a_0(t)=\exp(-t/\tau)$ zeigt Bild 5.18 das Zustandekommen des Impulsnebensprechens.

Ein Entzerrer soll das Impulsnebensprechen möglichst weitgehend verhindern. Er wird entweder dem Kanal nachgeschaltet, wie dies Bild 5.19 zeigt, oder im Sender und Empfänger auf zwei Teilsysteme aufgespalten. Die Gesamtübertragungsfunktion von Kanal und

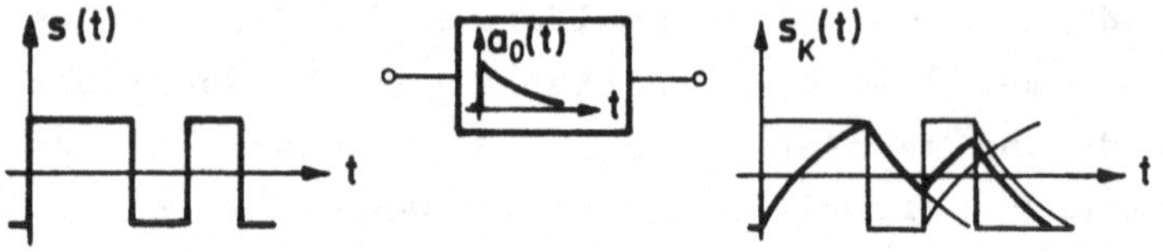

Bild 5.18 Impulsnebensprechen eines nichtidealen Übertragungssystems mit der Impulsantwort $a_0(t)$

Entzerrer soll den idealen Frequenzgang nach Bild 5.16 möglichst gut approximieren. Damit dies gelingt, muß man zunächst durch Parameterschätzung die Kanalparameter ermitteln.

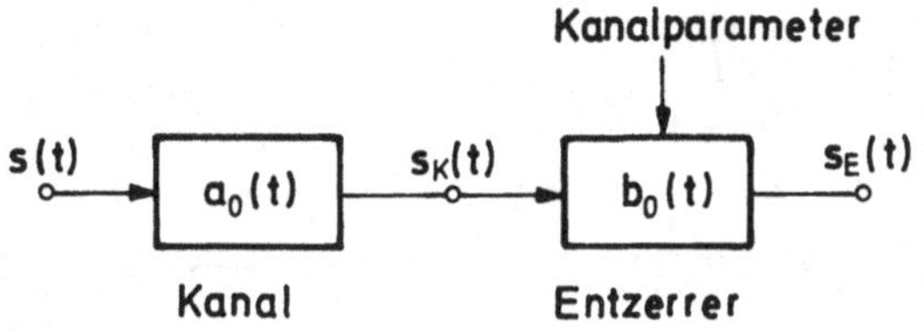

Bild 5.19 Entzerrung eines linearen Übertragungskanals

5.6.2.1 Impulsantwort des Entzerrers

Vorausgesetzt wird, daß der Entzerrer als digitales System realisiert wird, d.h. man interessiert sich für die Signalamplituden nur zu den Taktzeiten t=iT. Das verzerrungsfreie Übertragungssystem besitzt dann eine Impulsantwort, die nur zu einem Zeitpunkt einen von Null verschiedenen Abtastwert besitzt. Diese entsteht aus der nichtidealen Impulsantwort des verzerrenden Kanals, indem der Entzerrer alle Abtastwerte der nichtidealen Impulsantwort bis auf einen kompensiert, wie dies Bild 5.20 zeigt.

Bei der praktischen Realisierung wird vorausgesetzt, daß die Impulsantwort des Kanals als zeitbegrenzt angesehen werden kann, d.h. nur endlich viele Abtastwerte der zu bestimmenden Impulsant-

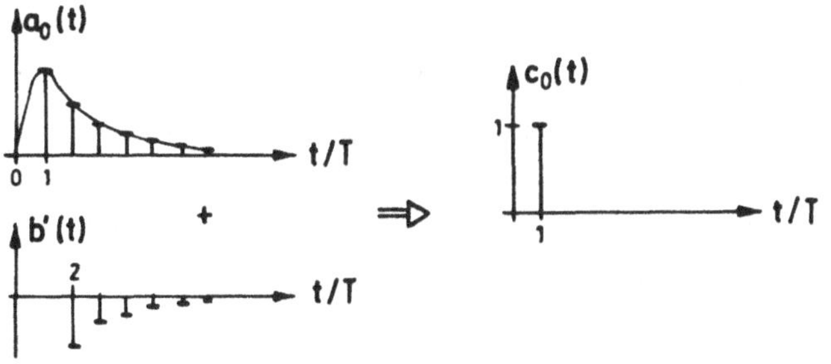

Bild 5.20 Entstehung der Impulsantwort $c_0(t)$ des verzerrungsfreien Übertragungssystems. Kanalimpulsantwort $a_0(t)$, kompensierende Funktion $b'(t)$

wort $b_0(t)$ des Entzerrers sind dann von Null verschieden. Wenn die Abtastwerte a_i, $i=1...K$ der Impulsantwort $a_0(t)$ des Kanals bekannt sind, folgt für die Übertragungseigenschaften des Entzerrers

$$s_E(t) = s_K(t) + \sum_{i=2}^{K} b_i \, s_E(t-(i-1)T)$$

$$= s_K(t) - \sum_{i=2}^{K} \frac{a_i}{a_1} s_E(t-(i-1)T) \quad , \qquad (56.18)$$

wobei die $b_i=a_i/a_1$ die Filterkoeffizienten des Entzerrers sind. Die zugehörige Struktur zeigt Bild 5.21.

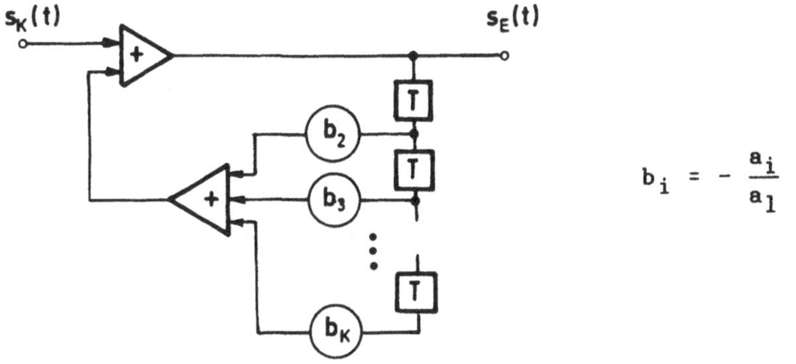

Bild 5.21 Struktur des Entzerres

5.6.2.2 Schätzung der Kanalparameter

Als Kanalparameter werden hier die Abtastwerte a_i, $i=1...K$ der Kanalimpulsantwort bezeichnet. Um diese zu schätzen, wird der Kanal mit einem binären, weißen Pseudozufallsprozeß gespeist. Seine Abtastwerte zu den Zeiten $t=kT$ sind $s(k)=\pm 1$ und er besitzt eine Autokorrelationsfunktion, die in der Umgebung des Ursprungs zu den Zeitpunkten $t=jT$ durch

$$s_{ss}(j) = E(s(k)s(k-j)) = \begin{cases} 1 & j=0 \\ 0 & j\neq 0 \end{cases} \tag{56.19}$$

gegeben ist. Näherungsweise läßt sich die Autokorrelationsfunktion nach der Beziehung

$$s_{ss}(j) \approx \frac{1}{N} \sum_{k=1}^{N} s(k)s(k-j) \tag{56.20}$$

bestimmen. Speist man den Kanal mit der Impulsantwort

$$a_0(t) = \sum_{i=1}^{K} a_i \; \delta_0(t-iT) \tag{56.21}$$

mit den Werten $s(k)$ des Pseudozufallsprozesses, so erhält man das Ausgangssignal $s_K(t)$ mit den Abtastwerten

$$s_K(k) = s(\underline{a},k) = \sum_{i=1}^{K} a_i \; s(k-i) \quad . \tag{56.22}$$

Es handelt sich wegen der exakten Reproduzierbarkeit der Werte $s(k)$ dabei um keinen echten Zufallsprozeß, so daß die Werte $s(k)$ determiniert sind, zumal sie sich auch am Empfangsort exakt reproduzieren lassen. Faßt man die Werte für $k = 1...N$ zu einem Vektor zusammen, erhält man das lineare Signalvektormodell

$$\underline{s}(\underline{a}) = \begin{bmatrix} s(\underline{a},1) \\ \vdots \\ s(\underline{a},N) \end{bmatrix} = \begin{bmatrix} s(0) & s(-1) & \dots & s(1-K) \\ \vdots & & & \\ s(N-1) & s(N-2) & \dots & s(N-K) \end{bmatrix} \cdot \begin{bmatrix} a_1 \\ \vdots \\ a_K \end{bmatrix}$$

$$= \underline{S}\ \underline{a} \quad . \tag{56.23}$$

Es wird angenommen, daß sich bei dem Schätzvorgang Musterfunktionen n(t) eines Störprozesses $\mathbf{n}(t)$ dem Sendesignal $\mathbf{s}(t)$ additiv überlagern. Diese seien weiß und mittelwertfrei sowie unkorreliert mit den Parametern a_i. Für die Eigenschaften des Störvektors $\underline{\mathbf{n}}$ gilt dann:

$$E(\underline{\mathbf{n}}) = \underline{0} \tag{56.24}$$

$$\underline{S}_{\underline{\mathbf{n}}\underline{\mathbf{n}}} = \sigma^2 \cdot \underline{I} \tag{56.25}$$

$$E(\underline{\mathbf{a}}\underline{\mathbf{n}}^T) = \underline{0} \quad . \tag{56.26}$$

Der dem Schätzwert zur Verfügung stehende gestörte Empfangsvektor ist durch

$$\underline{r} = \underline{s}(\underline{a}) + \underline{n} = \underline{S}\ \underline{a} + \underline{n} \tag{56.27}$$

gegeben. Zu bestimmen ist nun das Schätzsystem, das mit Hilfe von $\underline{r}$ ohne A-priori Information über den Parametervektor $\underline{\mathbf{a}}$ einen im Sinne des minimalen mittleren quadratischen Schätzfehlers optimalen linearen Schätzwert $\hat{\underline{a}}(\underline{r})$ nach (55.1) liefert:

$$\hat{\underline{a}}(\underline{r}) = \underline{A}\ \underline{r} \quad . \tag{56.28}$$

Das Gauß-Markoff-Theorem führt mit (55.59) auf das unter den genannten Randbedingungen - lineares Signalmodell, additive, unkorrelierte Störungen und fehlende A-priori- Information über den Parameter - optimale Schätzsystem:

$$\underline{A} = (\underline{S}^T\ \underline{S}_{\underline{\mathbf{n}}\underline{\mathbf{n}}}^{-1}\ \underline{S})^{-1}\ \underline{S}^T\ \underline{S}_{\underline{\mathbf{n}}\underline{\mathbf{n}}}^{-1}$$

$$= \sigma^2\ (\underline{S}^T\ \underline{S})^{-1}\ \underline{S}^T\ \frac{2}{\sigma^2} = (\underline{S}^T\ \underline{S})^{-1}\ \underline{S}^T \quad . \tag{56.29}$$

Es zeigt sich, daß das Schätzsystem $\underline{A}$ unabhängig von den Störungen $\underline{\mathbf{n}}$ wird, da diese zeitunabhängig und unkorreliert sind. Die weitere Rechnung liefert:

$$(\underline{S}^T\underline{S})^{-1} = \left[\begin{bmatrix} s(0) & \dots & s(N-1) \\ \vdots & & \\ s(1-K) & \dots & s(N-K) \end{bmatrix} \cdot \begin{bmatrix} s(0) & \dots & s(1-K) \\ \vdots & & \\ s(N-1) & \dots & s(N-K) \end{bmatrix}\right]^{-1}$$

$$= \begin{bmatrix} \sum\limits_{i=0}^{N-1} s^2(i) & \sum\limits_{i=0}^{N-1} s(i)s(i-1) \dots \\ \sum\limits_{i=0}^{N-1} s(i-1)s(i) & \sum\limits_{i=-1}^{N-2} s^2(i) \\ \vdots & \end{bmatrix}^{-1}$$

$$\approx (N\cdot\underline{I})^{-1} = \frac{1}{N}\cdot\underline{I} \quad . \tag{56.30}$$

Für das Schätzsystem und den Schätzvektor folgt daraus:

$$\underline{A} = \frac{1}{N}\,\underline{S}^T \tag{56.31}$$

$$\underline{\hat{a}}(\underline{r}) = \underline{A}\;\underline{r} = \frac{1}{N}\,\underline{S}^T\,\underline{r} = \frac{1}{N}\begin{bmatrix} s(0) & \dots & s(N-1) \\ \vdots & & \\ s(1-K) & \dots & \end{bmatrix} \cdot \begin{bmatrix} r(1) \\ \vdots \\ r(N) \end{bmatrix}$$

$$= \frac{1}{N}\cdot\begin{bmatrix} \sum\limits_{i=1}^{N} s(i-1)\cdot r(i) \\ \vdots \\ \sum\limits_{i=1}^{N} s(i-K)\cdot r(i) \end{bmatrix} = \begin{bmatrix} \hat{a}_1 \\ \vdots \\ \hat{a}_K \end{bmatrix} \quad . \tag{56.32}$$

Die Schätzwerte $\hat{a}_i$ stellen näherungsweise die Abtastwerte der Kreuzkorrelationsfunktion

$$s_{rs}(j) = E(r(i)\cdot s(i-j)) \qquad j = 1 \dots K$$

$$\approx \hat{a}_j \qquad j = 1 \dots K \tag{56.33}$$

dar, die aus dem gestörten Empfangssignal und einem echten weißen Zufallsprozeß s(t) als Signalprozeß gebildet wird. Das zugehörige

Schätzsystem zeigt Bild 5.22. Die dabei benötigten Werte s(k) können aus einem Speicher taktweise ausgelesen werden oder, weil es sich um Werte eines Pseudozufallsprozesses handelt, durch ein rückgekoppeltes Schieberegister bei bekannter Startadresse generiert werden.

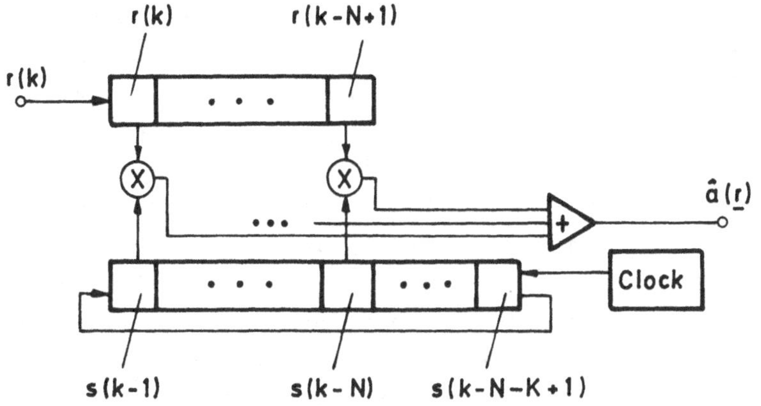

Bild 5.22 Schätzung der Kanalparameter a_i

Aus den Schätzwerten $\hat{a}_i$ ermittelt man die Parameter b_i des Entzerrers schließlich nach der Beziehung:

$$b_i = -\frac{\hat{a}_i}{\hat{a}_1} \qquad i = 2 \ldots K \quad . \tag{56.34}$$

5.7 Zusammenfassung

Bei der Parameterschätzung oder -estimation unterscheidet man die beiden Fälle, daß man die A-priori-Dichte des bzw. der zu schätzenden Parameter kennt oder nicht kennt. Drei allgemeine Gütekriterien zur Bewertung eines Schätzwerts sind gebräuchlich: seine Erwartungstreue, die besagt, ob der Schätzwert im Mittel mit dem zu schätzenden Parameterwert bzw. mit dem Mittelwert des zu schätzenden Parameters übereinstimmt, je nach dem, ob die A-priori-Dichte des Parameters bekannt ist oder nicht. Das zweite

Gütekriterium bezieht sich auf die Wirksamkeit und besagt, wie weit der Schätzwert im quadratischen Mittel von seinem Mittelwert entfernt liegt. Schließlich ist die Konsistenz ein weiteres Kriterium, das besagt, ob der Schätzwert mit Zunahme der Meßwerte, aus dem der Schätzwert bestimmt wird, auf den zu schätzenden Parameterwert konvergiert oder nicht.

Kennt man die A-priori-Dichte des zu schätzenden Parameters, kann man wie bei der Signalentdeckung oder Detektion ein Bayes-Kriterium als Optimalitätskriterium angeben. Um Fehlschätzungen zu bewerten, braucht man dazu eine Bewertungsfunktion, die Kosten auftretender Fehlschätzungen gewichtet. In Abhängigkeit von diesen Kostenfunktionen erhält man i.a. verschiedene Schätzeinrichtungen bei der Optimierung. Bei vielen Dichtefunktionen, z.B. auch der Gaußschen Dichte, führen die gebräuchlichsten Kostenfunktionen - für quadratische, absolute und konstante Gewichtung großer Fehler - zu derselben Schätzeinrichtung: Man nimmt den Parameterwert zum optimalen Schätzwert, der bei Kenntnis des gestörten Empfangsvektors $\underline{r}$ die maximale A-posteriori-Dichte $f_{a|\underline{r}}(a|\underline{r})$ besitzt (MAP). Dadurch wird der quadratische, der absolute und der bei großer Abweichung gleichgewichtete Fehler zum Minimum. Kennt man die A-priori-Dichte des zu schätzenden Parameters nicht, kann man nicht durch Vorgabe eines Kriteriums wie bei der Bayes-Schätzung zu einem geeigneten Schätzwert gelangen. Auf empirischem Wege, durch Überlegungen, die auf der Detektionstheorie basieren, gelangt man zum Maximum-Likelihood-Schätzverfahren (ML): Man wählt den zu schätzenden Parameter so, daß die A-posteriori-Dichte des gestörten Empfangsvektors $f_{\underline{r}|a}(\underline{r}|a)$ als Funktion des Parameters a zum Maximum wird, d.h. man nimmt an, daß derjenige Parameter a in $\underline{r}$ enthalten ist, der mit größter Wahrscheinlichkeit in $\underline{r}$ steckt. Die Beziehung für den MAP-Schätzwert geht in den des ML-Schätzwerts über, wenn man keine A-priori-Kenntnis von a hat, d.h. wenn die A-priori-Dichte unbekannt ist.

Die minimale erreichbare Fehlervarianz läßt sich mit Hilfe der Cramér-Rao-Ungleichung angeben. Die Ungleichung wird für wirksame Schätzwerte zur Gleichung, d.h. für Schätzwerte minimaler Fehlervarianz. Wenn überhaupt ein wirksamer Schätzwert existiert, dann ist es der ML-Schätzwert, woraus sich die Bedeutung dieses Schätzwerts ergibt.

Die Betrachtungen für einfache Parameterschätzung gelten entsprechend für die multiple Parameterschätzung. Statt der Varianz des Schätzfehlers interessiert die Korrelationsmatrix der Schätzfehler, wobei die Hauptdiagonale die mittleren quadratischen Fehler enthält. Besonderes Interesse finden dabei die linearen Schätzeinrichtungen, weil sie einfach zu realisieren sind und zu ihrem Entwurf statt der Dichten, die mehr Information über die Zufallsprozesse erfordern, nur die Korrelationsmatrizen erforderlich sind. Das Gauß-Markoff-Theorem beantwortet die Frage nach der optimalen linearen Schätzeinrichtung. Optimalität besteht hier in einem Minimum der Diagonalelemente der Korrelationsmatrix des Schätzfehlers.

Das Gauß-Markoff-Theorem beruht auf dem fundamentalen Orthogonalitätsprinzip: Die Kreuzkorrelationsmatrix des optimalen Fehlervektors und des Empfangsvektors für die Meßdaten verschwindet. Die Bezeichnungsweise deutet auf eine Parallele in der Geometrie: sucht man den Punkt in einer vorgegebenen Ebene, der den minimalen Abstand zu einem vorgegebenen Vektor besitzt, so ist die Lösung dadurch gegeben, daß der Abstandsvektor senkrecht, also orthogonal, zu der vorgegebenen Ebene ist. Bei der Aufgabenstellung in der Geometrie und beim Schätzproblem ergeben sich noch weitere Ähnlichkeiten. Das Orthogonalitätsprinzip kann als fundamentales Prinzip der Schätztheorie überhaupt angesehen werden, da mit seiner Hilfe auch alle linearen Schätzeinrichtungen der Signalschätzung hergeleitet werden können.

Schließlich wurde noch ein Verfahren beschrieben, wie man einen alten, d.h. aus bereits empfangenen Meßdaten berechneten Schätzwert für einen Parameter mit neu empfangenen Meßdaten so verknüpft, daß der gesamte Schätzfehler des neu berechneten Schätzwerts zum Minimum wird. Betrachtungen zu diesem Problem führen auf die sogenannten Kalman-Formeln, die von R.E. Kalman zuerst angegeben wurden. Ihre Erweiterung auf dynamische Probleme führt, wie im zweiten Teil des Buches [16] zu zeigen ist, auf die ebenfalls von Kalman angegeben Formeln zur optimalen Signalschätzung.

Zum Abschluß wurde wie bei der Detektion gezeigt, auf welche Weise Methoden der Parameterschätzung Aufgaben bei der Datenübertragung zu lösen vermögen. Als Beispiele wurden die automatische Verstärkungsregelung zum Ausgleich von Schwunderscheinungen am Empfängereingang und die Entzerrung eines nichtidealen linearen Übertragungskanals vorgestellt.

Aufgaben

Die folgenden Aufgaben beziehen sich auf den in den vorausgehenden Kapiteln 3 bis 5 behandelten Stoff. Die Zuordnung der Aufgaben zu diesen Kapiteln ist aus der ersten Zahl der jeweiligen Aufgabennummer ersichtlich.

Zu den Aufgaben wurden keine Lösungen angegeben, weil damit erreicht werden soll, daß die Aufgaben auch zur Einübung des Stoffes benutzt werden, d.h. selbständig gelöst werden. Die Aufgaben sind bewußt einfach gehalten worden, so daß die Lösung leicht zu finden sein dürfte. Sie mögen deshalb ein wenig akademisch erscheinen, Aufgaben aus der Praxis sind in der Regel jedoch so umfangreich und numerisch aufwendig zu lösen, daß sie nur mit Hilfe eines Rechners lösbar und als Übungsaufgaben nicht geeignet sind.

Bei den Aufgaben wurden auch keine Verweise auf Gleichungen im Text benutzt, um dem Leser die Gelegenheit zu geben, selbst darüber nachzudenken, wo er bei Bedarf den entsprechenden Stoff im Text an Hand seiner Erinnerung oder über Inhaltsverzeichnis und Stichwortverzeichnis finden kann.

Um die Berechnung der Wahrscheinlichkeiten bei den Aufgaben des 4. Kapitels zu erleichtern, seien hier einige Werte der Q-Funktion angegeben.

Einige Werte der Q-Funktion Q(x):

$$Q(x) = \int_{x}^{+\infty} \frac{1}{(2\pi)^{\frac{1}{2}}} \exp(-\frac{u^2}{2}) \, du$$

Negative Werte sind über folgende Beziehung berechenbar:

$Q(-x) = 1 - Q(x)$

x	Q(x)	x	Q(x)
0,000	0,500	3,500	$0,233\cdot10^{-3}$
0,500	0,309	3,719	$1,000\cdot10^{-4}$
1,000	0,159	3,891	$0,500\cdot10^{-4}$
1,285	$1,000\cdot10^{-1}$	4,000	$0,317\cdot10^{-4}$
1,500	$0,668\cdot10^{-1}$	4,265	$1,000\cdot10^{-5}$
1,645	$0,500\cdot10^{-1}$	4,417	$0,500\cdot10^{-5}$
2,000	$0,228\cdot10^{-1}$	4,500	$0,340\cdot10^{-5}$
2,326	$1,000\cdot10^{-2}$	4,753	$1,000\cdot10^{-6}$
2,500	$0,621\cdot10^{-2}$	4,891	$0,500\cdot10^{-6}$
2,576	$0,500\cdot10^{-2}$	5,000	$0,287\cdot10^{-6}$
3,000	$0,153\cdot10^{-2}$	5,199	$1,000\cdot10^{-7}$
3,090	$1,000\cdot10^{-3}$	5,326	$0,500\cdot10^{-7}$
3,291	$0,500\cdot10^{-3}$	∞	0

Aufgabe 3.1

Folgende Signale sind auf Orthonormalität zu prüfen:

a) $p_i(t) = \frac{1}{(\Delta)^{\frac{1}{2}}} [\delta_{-1}(t-i\Delta)-\delta_{-1}(t-(i+1)\Delta)] \qquad i = 0, 1, \ldots$

b) $p_i(t) = (2/T)^{\frac{1}{2}} \sin 2\pi\cdot t/T \qquad 0 \le t \le T \qquad i = 1, 2, \ldots$

Aufgabe 3.2

Für die Signale

$$s_1(t) = \delta_{-1}(t)-2\cdot\delta_{-1}(t-T)+2\cdot\delta_{-1}(t-2T)-\delta_{-1}(t-3T)$$

$$s_2(t) = -1/2\cdot\delta_{-1}(t)+2\cdot\delta_{-1}(t-T)-\delta_{-1}(t-2T)-1/2\cdot\delta_{-1}(t-3T)$$

$$s_3(t) = 1/2 \cdot \delta_{-1}(t) - 3/2 \cdot \delta_{-1}(t-T) + \delta_{-1}(t-2T)$$

ist die Vektordarstellung mit Hilfe der orthonormalen Basissignale $p_i(t)$

$$p_1(t) = 1/(T)^{\frac{1}{2}} \cdot (\delta_{-1}(t) - \delta_{-1}(t-T))$$

$$p_2(t) = 1/(T)^{\frac{1}{2}} \cdot (\delta_{-1}(t-T) - \delta_{-1}(t-2T))$$

$$p_3(t) = 1/(T)^{\frac{1}{2}} \cdot (\delta_{-1}(t-2T) - \delta_{-1}(t-3T))$$

anzugeben.

Aufgabe 3.3

Gegeben sind die drei Signale $s_i(t)$

$$s_1(t) = \delta_{-1}(t) - 2 \cdot \delta_{-1}(t-T) + 2 \cdot \delta_{-1}(t-2T) - \delta_{-1}(t-3T)$$

$$s_2(t) = -1/2 \cdot \delta_{-1}(t) + 2 \cdot \delta_{-1}(t-T) - \delta_{-1}(t-2T) - 1/2 \cdot \delta_{-1}(t-3T)$$

$$s_3(t) = 1/2 \cdot \delta_{-1}(t) - 3/2 \cdot \delta_{-1}(t-T) + \delta_{-1}(t-2T)$$

aus Aufgabe 3.2. Für diese ist mit dem Gram-Schmidt-Verfahren eine orthonormale Basis herzuleiten und die Vektordarstellung der Signale anzugeben. Welche Vor- und Nachteile ergeben sich bei der Berechnung und der Darstellung mit der hier gewonnenen Basis gegenbüber Aufgabe 3.2?

Aufgabe 4.1

Eine Quelle liefert die Ereignisse M_1 und M_2, denen die Signalvektoren $\underline{s}_1 = (s_{11}, s_{12})^T$ und $\underline{s}_2 = \underline{0}$ zugeordnet sind. Im Kanal überlagern sich dem Signal statistisch unabhängige Gaußsche Störungen, denen ein Störvektor $\underline{n}$, die Realisierung eines Zufallsvektors mit statistisch unabhängigen Komponenten verschwindenden Mittelwerts und der Varianz σ^2 entspricht.

Der Empfänger soll einen Likelihood-Verhältnis-Test mit der Schwelle $\eta=1$ durchführen. Welches Optimalitätskriterium wurde demzufolge für den Test ausgewählt, wenn keine weiteren A-priori-Kenntnisse vorliegen?

Aufgabe 4.2

Zwei Signalvektoren $\underline{s}_1=(\underline{s}_{11},\underline{s}_{12})^T$ und $\underline{s}_2=\underline{0}$ werden durch statistisch unabhängiges Gaußsches Rauschen mit verschwindendem Mittelwert und der Varianz σ^2 gestört.

Das dem Vektor $\underline{s}_1$ entsprechende Signal soll mit maximaler Entdeckungswahrscheinlichkeit P_E bei vorgegebener Fehlalarmwahrscheinlichkeit P_F empfangen werden. Welche Schwelle γ ist dazu erforderlich und wie groß wird dann P_E?

Aufgabe 4.3

Zwei eindimensionale Signalvektoren $\underline{s}_1=s$ und $\underline{s}_2=0$ werden im Kanal durch statistisch unabhängiges Gaußsches Rauschen mit verschwindenem Mittelwert und der Varianz σ^2 gestört.

Man bestimme die Empfängerarbeitscharakteristik $P_E=f(P_F,d)$ und gebe den Parameter d an!

Aufgabe 4.4

Zwei Signale mit gleicher A-priori-Wahrscheinlichkeit werden durch die Vektoren $\underline{s}_1=-\underline{s}_2=2$ dargestellt. Diesen überlagert sich additiv statistisch unabhängiges, mittelwertfreies Gaußsches Rauschen. Ein Empfänger nach dem MAP-Prinzip erzielt die Fehlerwahrscheinlichkeit P(F)=0,01.

a) Wie groß wird P(F), wenn bei sonst ungeänderten Verhältnissen statt der zwei nun drei Signale mit der Vektordarstellung $\underline{s}_1=4$, $\underline{s}_2=0$ und $\underline{s}_3=-4$ verwendet werden?

b) Wie ändert sich das Ergebnis von a), wenn der Mittelwert des Rauschens statt $\mu_n=0$ nun $\mu_n=1$ ist?

Aufgabe 4.5

Neun gleichwahrscheinliche Signale besitzen die im folgenden Bild gezeigte Signalvektordarstellung:

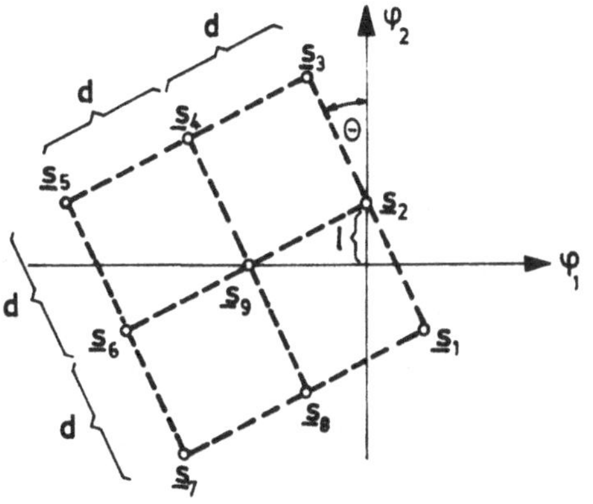

Die Signale werden durch mittelwertfreies Rauschen der Varianz σ^2 gestört und sind statistisch unabhängig vom Rauschen. Die Komponenten des Störvektors $\underline{n}$ sind unkorreliert.

Wie groß ist die minimale Fehlerwahrscheinlichkeit P(F) des optimalen Empfängers als Funktion von q, θ und l, wobei die Beziehung $q=Q(d/2\sigma)$ gelte?

Aufgabe 4.6

Zwei Signale, deren Vektordarstellung $\underline{s}_1=-2$ und $\underline{s}_2=2$ ist, werden über einen gestörten Kanal übertragen. Die Störungen besitzen eine Cauchy-Dichtefunktion

$$f_n(n) = \frac{4}{\pi}\,\frac{1}{16+n^2} \quad ,$$

sind den Signalen additiv überlagert und von diesen statistisch unabhängig.

In einem nach dem MAP-Kriterium ausgelegten Empfänger wird das Likelihood-Verhältnis mit der Schwelle $\eta=\frac{1}{2}$ verglichen, um den Hypothesentest durchzuführen.

a) Wie groß sind die A-priori-Wahrscheinlichkeiten der Ereignisse M_1 und M_2?

b) Wie groß ist die Fehlerwahrscheinlichkeit P(F)?

Aufgabe 4.7

Gegeben sind die beiden Signale $s_1(t)$ und $s_2(t)$, die durch die Signalvektoren $\underline{s}_1=(0,(2)^{\frac{1}{2}})^T$ und $\underline{s}_2=((2)^{\frac{1}{2}},0)^T$ dargestellt werden. Bei der Übertragung über einen Kanal überlagern sich diesen Signalvektoren komponentenweise additive unkorrelierte Gaußsche Störungen. Die Varianz jeder Störkomponente beträgt $\sigma^2=1/8$, die Mittelwerte der Störkomponenten sind gleich Null.

Man bestimme den Optimalempfänger, der für das Signal $s_1(t)$ die Fehlalarmwahrscheinlichkeit $P_F=3,17\cdot10^{-5}$ besitzt.

a) Man berechne die Schwelle γ des Empfängers und zeichne sie zusammen mit den Vektoren $\underline{s}_1$ und $\underline{s}_2$ in ein Diagramm ein!

b) Wie groß ist bei diesem Empfänger die Entdeckungswahrscheinlichkeit?

c) Man gebe das Signal-zu-Rausch-Verhältnis, d.h. das Verhältnis aus der Signalenergie zur Varianz der Störungen bei Übertragung eines Signalvektors an!

Aufgabe 4.8

Über einen durch Störungen mit der Exponential-Dichtefunktion

$$f_n(n) = 1/b \cdot \exp(-n/b) \qquad n \geq 0$$

gestörten Kanal werden zwei Signale übertragen. Die Störungen sind statistisch unabhängig von diesen Signalen und überlagern sich ihnen additiv. Die Vektordarstellung der Signale ist $\underline{s}_1=2$ und $\underline{s}_2=0$.

a) Man berechne die Empfängercharakteristik $P_E=f(P_F,d)$ und zeichne sie in ein Diagramm ein!
b) Wie groß ist das Signal-zu-Rausch-Verhältnis bei der hier vorliegenden Übertragung?

Aufgabe 4.9

Zwei den Ereignissen M_1 und M_2 entsprechende Signale $s_1(t)$ und $s_2(t)$, die mit gleicher Wahrscheinlichkeit auftreten, haben die eindimensionale Signalvektordarstellung $s_1=-s_2=(E_s)^{\frac{1}{2}}$. Diesen Signalen überlagert sich additiv die Realisierung einer mit s_1 und s_2 nicht korrelierten Störprozeßkomponente n mit der Dichtefunktion

$$f_n(n) = 1/b\cdot[\delta_{-1}(n+b/2)-\delta_{-1}(n-b/2)] \quad ,$$

d.h. mit einer Gleichverteilung. Es sei dabei angenommen, daß stets $b/2\geq 2\cdot(E_s)^{\frac{1}{2}}$ gelte.

a) Man berechne die Empfängercharakteristik $P_E=f(P_F,b)$ für einen Empfänger, der sich für die Hypothese H_1 entscheidet, wenn $r=s_i+n$, d.h. das gestörte Empfangssignal eine Schwelle überschreitet. Für die Hypothese H_2 entscheidet er sich, wenn die Schwelle nicht überschritten wird. Dabei ist $P_E=P(H_1|M_1)$ und $P_F=P(H_1|M_2)$.
b) Man zeichne die Empfängercharakteristik für die Werte $b=4\cdot(E_s)^{\frac{1}{2}}$, $b=8\cdot(E_s)^{\frac{1}{2}}$ und $b\to\infty$.

Aufgabe 4.10

Es seien 8 gleichwahrscheinliche Signalvektoren

$\underline{s}_1 = (-d,0)^T$ $\underline{s}_2 = (-d,d)^T$ $\underline{s}_3 = (-d,-d)^T$ $\underline{s}_4 = (0,d)^T$

$\underline{s}_5 = (0,-d)^T$ $\underline{s}_6 = (d,d)^T$ $\underline{s}_7 = (d,0)^T$ $\underline{s}_8 = (d,-d)^T$

über einen durch Gaußsches Rauschen gestörten Kanal zu übertragen. Das Rauschen hat den Mittelwert Null und die Varianz σ^2.

a) Man zeichne die Signalvektorkonfiguration der Signalvektoren $\underline{s}_i$ für i=1...8 und die Grenzen der zugehörigen Entscheidungsräume, so daß die Fehlerwahrscheinlichkeit P(F) zum Minimum wird.

b) Wie groß ist die minimale Fehlerwahrscheinlichkeit P(F) nach a), wenn $d/\sigma=1$ ist?

c) Wie ändert sich die minimale Fehlerwahrscheinlichkeit P(F), wenn $d/\sigma=2$ ist?

Aufgabe 4.11

Vier gleichwahrscheinlichen Ereignissen seien die Vektoren $\underline{s}_1=(E_s)^{\frac{1}{2}}\cdot(2,6)^T$, $\underline{s}_2=(E_s)^{\frac{1}{2}}\cdot(4,0)^T$, $\underline{s}_3=(E_s)^{\frac{1}{2}}\cdot(-2,-2)^T$ und $\underline{s}_4=(E_s)^{\frac{1}{2}}\cdot(-4,4)^T$ zugeordnet. Bei der Übertragung über einen Nachrichtenkanal werden diese Vektoren durch mittelwertfreies Gaußsches Rauschen mit der Varianz $\sigma^2=N_w$ gestört. Das Rauschen überlagert sich den Vektoren additiv und ist statistisch unabhängig von den Ereignissen der Quelle.

a) Wie groß ist die Fehlerwahrscheinlichkeit P(F)?

b) Man zeichne ein Vektordiagramm der Vektoren $\underline{s}_i$ und gebe in diesem Diagramm die Grenzen der Entscheidungsräume an.

c) Wie groß ist P(F) für $N_w=\frac{1}{2}\cdot E_s$, wobei zur Berechnung für die Q-Funktion angenähert $Q(x)\approx\frac{1}{2}\cdot\exp(-x^2/2)$ gesetzt werden soll?

Aufgabe 5.1

Ein eindimensionaler gestörter Empfangsvektor $\underline{r}=r$ sei gegeben durch

$$r = a \cdot s + n \quad .$$

Dabei ist a der zu schätzende aktuelle Parameterwert. Der Parameter ist eine Zufallsvariable mit der Dichte

$$f_a(a) = \frac{1}{(2\pi)^{\frac{1}{2}}\sigma_a} \exp\left(-\frac{(a-\mu_a)^2}{2\sigma_a^2}\right) \qquad \mu_a \neq 0$$

und die Störkomponente n die Realisierung einer mittelwertfreien, von a statistisch unabhängigen Zufallsvariablen n mit der Dichte

$$f_n(n) = \frac{1}{(2\pi)^{\frac{1}{2}}\sigma_n} \exp\left(-\frac{n^2}{2\sigma_n^2}\right) \quad .$$

Man berechne den im Sinne des Bayes-Kriteriums optimalen Schätzwert $\hat{a}(r)$ für den Gaußschen Parameter a. Muß man sich zur Berechnung des optimalen Schätzwerts eine bestimmte Kostenfunktion vorgeben?

Aufgabe 5.2

Einem Parameterwert a überlagern sich Störungen n nach der Beziehung

$$r = a + n \quad .$$

Der Parameterwert a werde mit einem im Sinne des Bayes-Kriteriums optimalen System geschätzt, wobei die Kostenfunktion

$$C(e) = \delta_{-1}(-e) + \delta_{-1}(e-a_0) \quad , \qquad e = \hat{a}(r) - a$$

zu verwenden ist. Der Parameter a ist als Zufallsvariable mit der Dichtefunktion

$$f_a(a) = \frac{1}{(2\pi)^{\frac{1}{2}}\sigma_a} \exp\left(-\frac{(a-a_0/2)^2}{2\sigma_a^2}\right)$$

definiert, die Störungen n entstammen einem Störprozeß mit der Dichte

$$f_n(n) = \frac{1}{(2\pi)^{\frac{1}{2}}\sigma_n} \exp(-\frac{n^2}{2\sigma_n^2}) \quad .$$

Parameter und Störungen seien statistisch unabhängig voneinander.

a) Man skizziere die Kostenfunktion!

b) Man berechne den optimalen Schätzwert $\hat{a}(r)$!

c) Ist das Schätzverfahren linear oder nichtlinear?

d) Welchen Wert nimmt $\hat{a}(r)$ für $\sigma_a^2 \gg \sigma_n^2$ an?

Aufgabe 5.3

Ein eindiemensionaler gestörter Empfangsvektor

$$r = a \cdot s + n$$

stehe zur Schätzung des Parameterwertes a, über den nichts weiter bekannt ist, zur Verfügung. Nutzsignal und Störungen seien nicht miteinander korreliert. Für die Störungen n kennt man die Dichtefunktion

$$f_n(n) = \frac{1}{(2\pi)^{\frac{1}{2}}\sigma_n} \exp(-\frac{n^2}{2\sigma_n^2}) \quad .$$

Man bestimme den optimalen Schätzwert für a! Ist dieser Schätzwert erwartungstreu und wirksam ? Wie groß ist $Var(\hat{a}(r)|a)$?

Aufgabe 5.4

Zur Bestimmung des unbekannten Parameterwertes a, zu dem man keine Dichtefunktion angeben kann, steht der gestörte Empfangsvektor

$$r = 2 \cdot a + n$$

zur Verfügung. Die Störungen n sind statistisch unabhängig vom Parameter a und werden durch die Rayleigh-Dichtefunktion

$$f_n(n) = 2 \cdot n/\pi \cdot \exp(-n^2/\pi) \quad , \quad n \geq 0$$

beschrieben.

a) Man bestimme einen Schätzwert $\hat{a}(r)$ für den Parameter a!
b) Ist dieser Schätzwert erwartungstreu?
c) Wie groß ist die Varianz des Schätzwertes $\hat{a}(r)$?

Aufgabe 5.5

Zu schätzen ist ein unbekannter Parameter a. Diesem Parameter überlagert sich additiv ein Gaußsches Rauschen der Varianz σ^2 und des Mittelwertes n_0. Zur Bestimmung des optimalen Schätzwertes $\hat{a}(r)$ des Parameters a steht ein Meßwert r=a+n zur Verfügung.

a) Man bestimme den optimalen Schätzwert $\hat{a}(r)$. Um welchen Typ von Schätzwert handelt es sich dabei?
b) Ist der Schätzwert $\hat{a}(r)$ erwartungstreu?
c) Wie groß ist die minimale Varianz, die man für $\hat{a}(r)$ erreichen kann?
d) Handelt es sich bei $\hat{a}(r)$ nach a) um einen wirksamen Schätzwert?

Aufgabe 5.6

Die Komponenten des gestörten Empfangsvektors $\underline{r}=(r_1,r_2)^T$ besitzen denselben Mittelwert $\mathbf{m}$, der zunächst als Zufallsvariable interpretiert werden soll. Man kennt die Korrelationsmatrizen

$$\underline{S}_{\underline{r}\underline{r}} = \begin{bmatrix} s_1 & s_2 \\ s_2 & s_1 \end{bmatrix} \quad , \quad \underline{S}_{\mathbf{m}\underline{r}} = (s_2, s_2) \quad , \quad \underline{S}_{\mathbf{m}\mathbf{m}} = s_3 \quad .$$

a) Welchen optimalen Schätzwert liefert das Gauß-Markoff-Theorem für den unbekannten Mittelwert m?
b) Wie groß ist die Fehlerkorrelationsmatrix $\underline{S}_{ee}$ für den Fehler $e=\hat{m}-m$, wobei $\hat{m}=\hat{a}(\underline{r})$ der aktuelle Schätzwert ist?
c) Ist der Schätzwert für m erwartungstreu, wobei m als Größe mit unbekannter Dichte interpretiert wird?

Aufgabe 5.7

Zur Bestimmung des unbekannten Parametervektors $\underline{a}=(a_1,a_2)^T$ mit $\underline{\underline{S}}_{\underline{a}\underline{a}}\to\infty$ steht der gestörte Empfangsvektor

$$\underline{r} = \underline{\underline{S}}\cdot\underline{a} + \underline{n}$$

mit

$$\underline{\underline{S}} = \begin{bmatrix} 1 & \frac{1}{2} \\ \frac{1}{2} & 1 \end{bmatrix}$$

zur Verfügung. Der den Störvektor $\underline{n}$ erzeugende Prozeß sei mittelwertfrei und führe auf die Korrelationsmatrix

$$\underline{\underline{S}}_{\underline{n}\underline{n}} = \begin{bmatrix} \sigma^2 & 0 \\ 0 & \sigma^2 \end{bmatrix} .$$

Parametervektor $\underline{a}$ und Störvektor $\underline{n}$ seien nicht miteinander korreliert.

a) Welchen optimalen Schätzvektor $\hat{\underline{a}}(\underline{r})$ liefert das Gauß-Markoff-Theorem?
b) Wie lautet die Korrelationsmatrix des Schätzfehlers?
c) Ist der Schätzvektor erwartungstreu?

Aufgabe 5.8

In dem gestörten Empfangsvektor $\underline{r}=\underline{\underline{S}}\cdot\underline{a}+\underline{n}$ sei der unbekannte Parametervektor $\underline{a}=(a_1,a_2,a_3)^T$ enthalten. Die Korrelationsmatrix des Störvektors $\underline{n}$ sei gleich der Kovarianzmatrix von $\underline{n}$, d.h. $\underline{\underline{\Sigma}}_{\underline{n}\underline{n}}=\underline{\underline{S}}_{\underline{n}\underline{n}}$.

Die Signalmatrix $\underline{S}$ sei gleich der Einheitsmatrix $\underline{I}$. Die Korrelationsmatrix des Parametervektors $\underline{a}$ sei unbekannt.

a) Man bestimme unter diesen Voraussetzungen die im Sinne des minimalen mittleren quadratischen Fehlers optimale Schätzeinrichtung und gebe deren Strukturdiagramm an!
b) Wie groß ist die mit dem System nach a) erzielte Fehlerkorrelationsmatrix ?
c) Ist der Schätzvektor $\hat{\underline{a}}(\underline{r})$ nach a) erwartungstreu ?

Aufgabe 5.9

Ein p=2-dimensionaler Vektor $\underline{r}^p$ diene zur Schätzung des Parameters a, über den nichts weiter bekannt ist (keine A-priori-Information). Für $\underline{r}^p$ gelte:

$$\underline{r}^p = \underline{S}^p \cdot a + \underline{n}^p$$

mit

$$\underline{S}^p = \begin{bmatrix} 1 \\ 1 \end{bmatrix} \quad , \quad \underline{\underline{S}}_{\underline{n}\underline{n}}^p = \begin{bmatrix} \sigma^2 & 0 \\ 0 & \sigma^2 \end{bmatrix} \quad .$$

a) Man bestimme den optimalen Schätzwert $\hat{a}(\underline{r}^p)$ und die Fehlerkorrelationsmatrix $\underline{\underline{S}}_{\underline{e}\underline{e}}^p$ unter der Annahme, daß a und $\underline{n}^p$ nicht miteinander korreliert sind.
b) Zusätzlich stehe der Vektor $\underline{r}^q=\underline{S}^q \cdot a+\underline{n}^q$ zur Verfügung, wobei $\underline{n}^q$ und $\underline{n}^p$ unkorreliert seien. Welche Werte nehmen $\hat{a}(\underline{r})$ und $\underline{\underline{S}}_{\underline{e}\underline{e}}$ unter Berücksichtigung von $\underline{r}^q$ an, wenn

$$\underline{S}^q = 1 \quad \text{und} \quad \underline{\underline{S}}_{\underline{n}\underline{n}}^q = \sigma^2$$

gegeben sind?

Literaturverzeichnis

[1] **Schlitt, H.**: Systemtheorie für regellose Vorgänge, Berlin/ Göttingen/Heidelberg: Springer 1960

[2] **Giloi, W.**: Simulation und Analyse stochastischer Vorgänge, München/Wien: Oldenbourg 1967

[3] **Charkewitsch, A.A.**: Signale und Störungen, München/Wien: Oldenbourg 1968

[4] **Winkler, G.**: Systematik optimaler Kommunikationssysteme auf Grund der Theorie der Spiele, München/Wien: Oldenbourg 1969

[5] **Neuburger, E.**: Einführung in die Theorie des linearen Optimalfilters, München/Wien: Oldenbourg 1972

[6] **Wolf, H.**: Nachrichtenübertragung, eine Einführung in die Theorie (Hochschultext), Berlin/Heidelberg/New York: Springer 1974

[7] **Wozencraft, J.M., Jacobs, I.M.**: Principles of Communication Engineering, New York: John Wiley 1968

[8] **van Trees, H.L.**: Detection, Estimation, and Modulation Theory, Part I, New York: John Wiley 1968.

[9] **Nahi, N.E.**: Estimation Theory and Applications, New York: John Wiley 1968

[10] **Wainstein, L.A., Zubakov, V.D.**: Extraction of Signals from Noise, Englewood Cliffs: Prentice Hall 1962

[11] **Sage, A.P., Melsa, J.L.**: Estimation Theory with Applications to Communication and Control, New York: McGraw-Hill 1971

[12] **Hancock**, J.C., **Wintz**, P.A.: Signal Detection Theory, New York : McGraw-Hill 1966

[13] **Wolf**, H.: Lineare Systeme und Netzwerke (Hochschultext), Berlin/Heidelberg/New York: Springer 1971

[14] **Kreyszig**, E.: Statistische Methoden und ihre Anwendungen, Göttingen: Vandenhoeck u. Rupprecht 1968

[15] **Papoulis**, A.: Probability, Random Variables, and Stochastic Processes, New York: McGraw-Hill 1965

[16] **Kroschel**, K.: Statistische Nachrichtentheorie, Zweiter Teil: Signalschätzung (Hochschultext), Berlin/Heidelberg/New York: Springer 1974

[17] **Abramowitz**, M., **Stegun**, I.A.: Handbook of Mathematical Functions, New York: Dover Publications 1965

[18] **Middleton**, D.: An Introduction to Statistical Communication Theory, New York: McGraw-Hill 1960

[19] **Davenport**, W.B., **Root**, W.L.: Random Signals and Noise, New York: McGraw-Hill 1958

[20] **Vakman**, D.E.: Sophisticated Signals and the Uncertainty Principle in Radar, New York: Springer 1968

[21] **Wahlen**, A.D.: Detection of Signals in Noise, New York/London: Academic Press 1971

[22] **Brown**, W.M., **Palermo**, C.J.: Random Processes, Communication, and Radar, New York: McGraw-Hill 1969

[23] **Gallager**, R.G.: Information Theory and Reliable Communication, New York: John Wiley 1968

[24] **Viterbi**, A.: Principles of Coherent Communication, New York: McGraw-Hill 1966

[25] **Jazwinsky**, A.H.: Stochastic Processes and Filtering Theory, New York: Academic Press 1970

[26] **Liebelt, P.B.**: An Introduction to Optimal Estimation, Reading, Mass.: Addison-Wesley 1967

[27] **Golomb, S.W.**: Digital Communication with Space Applications, Englewood Cliffs, N.J.: Prentice Hall 1964

[28] **Hänsler, E.**: Grundlagen der Theorie statistischer Signale, Berlin u.a.: Springer 1983.

[29] **Ahmed, N., Rao, K.R.**: Orthogonal Transforms for Digital Signal Processing, Berlin u.a.: Springer 1975.

[30] **Skolnik, M.I.**: Introduction to Radar Systems, New York: McGraw-Hill 1962

[31] **Woodward, P.M.**: Probability and Information Theory, with Applications to Radar, 2. Aufl., Oxford: Pergamon Press 1964

[32] **Berkowitz, R.S.**: Modern Radar, Analysis, Evaluation, and Design Theory, New York: John Wiley 1965

[33] **Schwartz, M.**: Information, Transmission, Modulation, and Noise, New York: McGraw-Hill 1959

[34] **CCITT**: Recommendation V.29: 9600 bits per second modem standardized for use on leased circuits. Green Book, vol. VIII, Genf: ITU 1973

[35] **Jahnke, Emde, Lösch**: Tafeln höherer Funktionen. 6. Aufl., neubearbeitet von Lösch, F., Stuttgart: Teubner 1960

[36] **Davenport, W.B.**: Probability and Random Processes, New York: McGraw-Hill 1970

[37] **Zurmühl, R.**: Matrizen und ihre technischen Anwendungen. 4. Auflage, Berlin: Springer 1964

Namen- und Sachverzeichnis